Ein rechnergeführtes Verfahren zur Lebensdauerbestimmung und Qualitätssicherung von Heizleiterdraht

Von der Fakultät für Bergbau, Hüttenwesen und Geowissenschaften der
Rheinisch-Westfälischen Technischen Hochschule Aachen
zur Erlangung des akademischen Grades eines

Doktors der Ingenieurwissenschaften

genehmigte Dissertation

vorgelegt von

Diplom-Ingenieur Andreas Seitzer

aus Stuttgart

Referent:	Universitätsprofessor Dr.-Ing. H. Köhne
Korreferenten:	Universitätsprofessor Dr.-Ing. A. Mühlbauer
	Professor Dr.-Ing. K. Kegel

Tag der mündlichen Prüfung: 17. Juni 1994

Berichte aus der Werkstofftechnik

Andreas Seitzer

Ein rechnergeführtes Verfahren zur Lebensdauerbestimmung und Qualitätssicherung von Heizleiterdraht

D 82 (Diss. RWTH Aachen)

Verlag Shaker
Aachen 1994

Die Deutsche Bibliothek - CIP-Einheitsaufnahme

Seitzer, Andreas:
Ein rechnergeführtes Verfahren zur Lebensdauerbestimmung und
Qualitätssicherung von Heizleiterdraht / Andreas Seitzer. -
Aachen : Shaker, 1994
    (Berichte aus der Werkstofftechnik)
    Zugl.: Aachen, Techn. Hochsch., Diss., 1994
ISBN 3-8265-0049-0

ISBN 3-8265-0049-0
ISSN 0945-1056

Verlag Dr. Chaled Shaker, Hubertusstr. 40, 52064 Aachen
Telefon: 0241 / 406351 - Telefax: 0241 / 406354

Vorwort

Die vorliegende Arbeit entstand während meiner Assistententätigkeit an der Rheinisch-Westfälischen Technischen Hochschule (RWTH) Aachen und wurde von mir am Lehr- und Forschungsgebiet für Industrieofenbau und Wärmetechnik im Hüttenwesen durchgeführt. Herrn Prof. Dr.-Ing. G. Woelk, dem Leiter des Lehrgebietes für Industrieofenbau, bin ich dankbar für die stets angenehme und konstruktive Zusammenarbeit. Das mit der Durchführung der Arbeit verbundene hohe Maß an Eigenverantwortlichkeit war für mich ein großer Vertrauensbeweis und eine überaus positive Lebenserfahrung.

Herrn Prof. Dr.-Ing. H. Köhne vom Lehr- und Forschungsgebiet für Energie- und Stofftransport der RWTH Aachen spreche ich meinen herzlichen Dank für die Übernahme des Hauptreferates aus. Seine fachlichen Ratschläge und Hinweise waren geprägt von ausgesprochenen Detailkenntnissen und für mich daher äußerst wertvoll.

Mein Dank gilt ferner Herrn Prof. Dr.-Ing. A. Mühlbauer und Herrn Prof. Dr.-Ing. K. Kegel für die Bereitschaft, die Korreferate zu übernehmen. Die Gespräche mit Prof. Mühlbauer, der das Institut für Elektrowärme der Universität Hannover leitet, waren nicht nur in fachlicher Hinsicht eine Bereicherung. Prof. Kegel betreute die vorliegende Arbeit als Lehrbeauftragter für Elektrowärme an der RWTH Aachen und entwickelte mit seinem Jahrzehnte umfassenden Erfahrungsschatz aus dem Bereich Elektrowärme und Elektrometallurgie stets neue Aspekte und Fragestellungen im Zusammenhang mit der Qualitätssicherung von Heizleiterdrähten.

Die Durchführung der Arbeit wurde durch die finanzielle Unterstützung des Bundesministeriums für Wirtschaft über die Arbeitsgemeinschaft Industrieller Forschungsvereinigungen (AIF) Otto von Guericke e.V. und den Verein Deutscher Eisenhüttenleute (VDEh) ermöglicht. Mein Dank gilt all diesen Institutionen.

Aachen, im Juni 1994

Andreas Seitzer

Inhaltsverzeichnis

Nomenklatur

Symbol	Bedeutung	Einheit
a	Temperaturleitfähigkeit	m^2 / h
A	Fläche	m^2
B	magnetische Induktion	T
$\hat{B}$	Scheitelwert der magnetischen Induktion	T
c_p	spezifische Wärmekapazität	$J / (kg \cdot K)$
C	Wärmekapazität	J / K
C	Werkstoffkonstante	
d	Durchmesser	m
f	Frequenz	Hz
g	Erdbeschleunigung	m / s^2
Gr	Grashof–Zahl	
H	Enthalpie	J
i	elektrischer Strom	A
I	elektrischer Strom	A
l	Länge	m
M	Masse	kg
n	Anzahl der aktiven Öfen	
Nu	Nußelt–Zahl	
P_{Joule}	Joulesche Enthalpieänderung	W
P_{el}	elektrische Leistung	W
Pr	Prandtl–Zahl	
q	spezifische Aktivierungsenergie	J / kg
$\dot{q}$	Wärmestromdichte	W / m^2
Q	Wärmemenge	J
$\dot{Q}$	Wärmestrom	W
r	Radius	m
R	elektrischer Widerstand	Ω
R	allgemeine Gaskonstante	$J / (mol \cdot K)$

Symbol	Bedeutung	Einheit
s	Strecke, Wanddicke	m
t	Zeit	s
t_{ox}	Dauer des Oxidationsprozesses	s
T	thermodynamische Temperatur	K
u	elektrische Spannung	V
U	elektrische Spannung	V
$\ddot{u}$	Übersetzungsverhältnis eines Transformators	
w	Windungszahl	
x	Werkstoffkonstante	
x_{Wid}	Widerstandsfaktor	
y_0	max. seitl. Auslenkung des Drahtes	m

Griechische Buchstaben

Symbol	Bedeutung	Einheit
α	Wärmeübergangskoeffizient	$W/(m^2 \cdot K)$
β	Wärmeausdehnungskoeffizient	$1/K$
β	Winkel zwischen geneigten Flächen	$^\circ$
δ	Abweichung des Prüfdrahtes vom Idealverlauf	m
ε	Emmissionsgrad	
η	normierte Auslenkung	
λ	Wärmeleitfähigkeit	$W/(m \cdot K)$
λ	Wellenlänge	μm
ν	kinematische Viskosität	m^2/s
σ	Stefan$-$Boltzmann$-$Konstante	$W/(m^2 \cdot K^4)$
τ	Zeitkonstante	s
ϑ	Temperatur	$^\circ C$
ξ	normierter Weg	
ψ	normierte Drahtlänge	

Indizes

Index	Bedeutung
a	außen
Betrieb	Betriebsgrößen
$D \rightarrow O$	Draht → Ofen
e	Eisenkern des Spulenkörpers
el	elektrisch
hoch	120%-Werte der Betriebsparameter
i	innen
ind	induktiv
k	konvektiv
Konv	Konvektion
m	mittlere
norm	100%-Werte der Betriebsparameter
NPÜ	nicht−pyrometrisch−überwacht
$O \rightarrow D$	Ofen → Draht
$O \rightarrow U$	Ofen → Umgebung
p	primär
Prüf	Prüfung
Ref	Referenz
s	sekundär
SA	Schnellaufheizen

1 Einleitung

Die Rolle des Qualitätswesens innerhalb der deutschen Industrie hat in den letzten Jahren stetig an Bedeutung gewonnen. In dem Maße wie der Industriestandort Deutschland immer mehr durch hohe Personalkosten, kürzere Arbeitszeiten und strenge Auflagen hinsichtlich des Umweltschutzes wirtschaftlich unter Druck geriet, veränderte sich in vielen Bereichen der produzierenden Industrie die Unternehmenspolitik dahin, daß neben Umsatz- und Tonnagenprämissen auch der Qualitätsgedanke als unverzichtbarer Bestandteil eines erfolgreichen Unternehmenskonzeptes anerkannt wurde.

Bei ausschließlicher Betrachtung der Produktionskosten hat Deutschland den Kampf gegen die billig produzierende Konkurrenz aus Asien, Südamerika und Osteuropa längst verloren. Die Attraktivität der deutschen Produkte wird vorrangig durch ihre bessere Qualität begründet. Auch vor dem Hintergrund der momentan intensiv diskutierten Standortfrage ist es wichtig, daß das Qualitätswesen ebenso einem ständigen Entwicklungsprozeß unterliegt wie dies für die Bereiche Rationalisierung, Wirtschaftlichkeit und Ressourcenschonung gilt.

Die Vorteile eines hochentwickelten Qualitätswesens sind dreifach. Während der Erzeugung des Produktes ermöglicht eine laufende Überwachung durch Qualitätssicherung das rasche Erkennen möglicher Fehler. Es können qualitative und quantitative Aussagen über die Eignung und den Gebrauchswert von Werkstoffen oder Endprodukten getroffen werden. Das Qualitätswesen stellt eine wichtige Informationsquelle für Forschungs- und Entwicklungsarbeiten im Rahmen der Produktpflege oder neuer Produkte dar.

In der Stahlindustrie genießt das Qualitätswesen schon seit längerem einen sehr hohen Stellenwert. Daher ist es umso erstaunlicher, daß im Bereich der Heizleiterindustrie noch keine einheitlichen Grundsätze über die Lebensdauerprüfung als Bestandteil der Qualitätssicherung Gültigkeit durch eine Prüfnorm gefunden haben. Die Ursachen hierfür sind vielfältig und daher kann das Problem nicht nur durch technische Lösungsansätze bewältigt werden. Gleichwohl sind es aber die prüfungstechnischen Unzulänglichkeiten bestehender Verfahren, die einer einheitlichen Lebensdauerprüfung von metallischen Heizleiterlegierungen entgegenstehen.

Das Ziel der vorliegenden Arbeit ist die Entwicklung eines neuen Lebensdauerprüfverfahrens für metallische Heizleiterlegierungen auf der Grundlage wärmetechnischer, me-
tallurgischer sowie regelungs- und automatisierungstechnischer Untersuchungen. Das
neue Verfahren soll sowohl der produzierenden als auch der weiterverarbeitenden Industrie ermöglichen, im Rahmen der Qualitätssicherung von Heizleiterlegierungen umgebungsunabhängig rasch zu allgemeinen oder anwendungsspezifischen Lebensdauerergeb-
nissen zu gelangen und vermeidet damit die wesentlichen Nachteile der gegenwärtigen
Prüfverfahren. Das Vorhaben versteht sich als technische Basis für künftige Verhand-
lungen über eine deutsche Norm zur Lebensdauerprüfung metallischer Heizleiter.

2 Stand der Technik

2.1 Grundlagen der Lebensdauerprüfung von Heizleiterdrähten

Heizleiter werden in der Technik eingesetzt, um elektrische Energie in Wärme umzuwandeln. Ein elektrischer Strom leistet im Heizleiter Reibungsarbeit, die zu einer Enthalpieänderung des Heizleiters führt. Diese Joulesche Enthalpieänderung ist nach /1/ in allgemeiner Form definiert als:

$$\frac{\mathrm{d}H}{\mathrm{d}t} = P_{\text{Joule}}(t) = I^2(t)\cdot R(t) \tag{2.1}$$

Im Gegensatz zum elektrischen Leiter wird eine Heizleiterlegierung durch einen hohen ohmschen Widerstand gekennzeichnet. Typische Werte eines Kupferkabels liegen bei $17{,}2\cdot10^{-3}\,\Omega\,\text{mm}^2/\,\text{m}$, während ein Heizleiter vom Typ NiCr8020 bei Raumtemperatur einen spezifischen Widerstand von $1{,}12\,\Omega\,\text{mm}^2/\,\text{m}$ aufweist. Da der Einsatz von Heizleitern sehr vielseitig ist, hat es sich als zweckmäßig erwiesen, ein Spektrum von Heizleiterlegierungen anzubieten, aus dem der für den jeweiligen Einsatzzweck optimale Heizleiter ausgewählt werden kann. Die Produktpalette eines Heizleiterherstellers kann bis zu zehn unterschiedliche Legierungen beinhalten.

Die Anforderungen an die Qualität eines Heizleiters sind sehr hoch. Während ein Heizleiterelement beim Einsatz in einem Haushaltsgerät durch häufigen Kurzzeitbetrieb belastet wird, muß es bei der Verwendung in einem Industrieofen oft resistent gegen korrosive Gase oder Einbettmassen sein. Im Rahmen der Qualitätssicherung werden daher sowohl vom Hersteller als auch von der weiterverarbeitenden Industrie Lebensdauerprüfungen durchgeführt, die Aufschluß über die Belastbarkeitskriterien von Heizleiterelementen geben sollen.

Die Lebensdauer eines Heizleiters wird beeinflußt durch die Temperatur und die Konsistenz des ihn umgebenden Mediums. In Abhängigkeit von der Temperatur finden chemische Reaktionen zwischen den Legierungselementen des Heizleiters und der Materie der Umgebung statt. Der dabei stattfindende Angriff auf die Heizleiterlegierung wird nach /2/ allgemein als Korrosion bezeichnet. Im Spezialfall des von normaler Luft umgebenen

Heizleiters bezeichnet man diese chemische Reaktion als Oxidation, da der in der Luft enthaltene Sauerstoff der Hauptreaktionspartner der Legierungselemente ist.

Bei metallischen Heizleitern unterscheidet man nach /3/ zwei Hauptgruppen:

- austenitische Nickel–Chrom–Eisen–Legierungen und
- ferritische Chrom–Aluminium–Eisen–Legierungen.

Bei Austeniten ist die Reaktion zwischen Chrom und dem Luftsauerstoff intensiver als mit den anderen Legierungsbestandteilen. Auf der Oberfläche dieser Heizleiter bildet sich daher eine nahezu reine Schicht aus Cr_2O_3. Bei ferritischen Legierungen übernimmt dagegen das Aluminium die Rolle des Oxidbildners, es entsteht eine Al_2O_3–Schicht auf dem Heizleiter. Allgemein lassen sich die beiden Heizleitertypen dadurch spezifizieren, daß Austenite über den gesamten zulässigen Temperaturbereich nur ein geringes Kornwachstum aufweisen und damit ein duktileres Verhalten zeigen als die Ferrite. Das spröde Verhalten der Ferrite ist neben der Veränderung ihrer inneren Struktur auch auf die im Vergleich zu den Austeniten härtere und dichtere Oxidschicht zurückzuführen. Ferritische Heizleiter sind für den Einsatz bei höheren Betriebstemperaturen geeignet, während der Vorteil austenitischer Heizleiter in der besseren Temperaturwechselbeständigkeit liegt. (/4/, /5/).

Die rasch ablaufende Primäroxidation bewirkt bei beiden Heizleitertypen einen Schutz des unterhalb der Oxidschicht befindlichen Materials vor weiterer Oxidation. Obwohl die Schichten aus Chromoxid oder Aluminiumoxid sich durch hohe Dichtigkeit und gute Haftungseigenschaften auf dem Trägermaterial auszeichnen, können sie durch thermische, mechanische oder chemische Einflüsse lokal zerstört werden. Ein Ausheilen der Oxidschicht ist möglich, solange genügend oxidbildendes Material zur Verfügung steht. Der oxidbildende Legierungsbestandteil diffundiert zur Oberfläche des Heizleiters, wo die Reaktion mit dem Luftsauerstoff stattfinden kann. Auf diese Weise verbraucht sich schrittweise das zur Schutzoxidation notwendige Chrom oder Aluminium, bis schließlich der Gehalt an Oxidbildner so gering ist, daß der Heizleiter von keiner lückenlosen Oxidschicht umgeben ist und bei thermischer Belastung rasch zerstört werden kann. Die so hervorgerufene Zerstörung eines Heizleiters wird nach /6/ als Durchbrennen bezeichnet. Der Zeitabschnitt bis zum Durchbrennen gilt als Definition für die Lebensdauer eines Heizleiters.

Nach /3/ wird unter Zunder ein bei hoher Temperatur an der Oberfläche entstehendes festes Produkt der Reaktion eines Metalls mit seiner gasförmigen Umgebung verstanden.

Da die Verzunderung zur Zerstörung eines metallischen Werkstücks führt, bestimmt das Zunderverhalten eines metallischen Heizleiters unter definierten Bedingungen maßgeblich dessen Lebensdauer. Zu den definierten Bedingungen zählen:

- die Legierung des Heizleiters,
- die Temperatur des Heizleiters,
- die Geometrie des Heizleiters,
- die chemische Zusammensetzung der umgebenden Atmosphäre,
- die Häufigkeit der Temperaturwechsel und
- die Art der Temperaturwechsel.

Durch eine intermittierende Betriebsweise kann eine künstliche Alterung von Heizleiterdrähten im Rahmen der Lebensdauerprüfung erreicht werden. Aufgrund des unterschiedlichen thermischen Ausdehnungskoeffizienten von Heizleiterlegierung und anhaftender Oxidschicht führen regelmäßige abrupte Temperaturwechsel des Prüfdrahtes zu einem kontinuierlichen Abplatzen von Teilen der Oxidschicht und damit zu der vorbeschriebenen Zerstörung des Heizleiters. Das Grundprinzip der intermittierenden Prüfung ist allen im folgenden beschriebenen Prüfverfahren gemeinsam. Unterschiede liegen dagegen im Prüfungsaufbau, in der Probengeometrie und in der Prüfungsdurchführung. Die unterschiedlichen Verfahren dienen daher auch ausschließlich zur Ermittlung von Werkstoffkennwerten, die im Regelfall nur einen Vergleichsmaßstab darstellen und im Bedarfsfall ergänzende Eignungsprüfungen des Werkstoffs notwendig machen.

2.2 Bisherige Verfahren zur Lebensdauerprüfung

Unter den westlichen Ländern verfügen einzig die U.S.A. über Normen für die Lebensdauerprüfung von metallischen Heizleitern. Dabei werden austenitische und ferritische Legierungen nach unterschiedlichen ASTM–Verfahren untersucht. In Deutschland haben die seit Ende der 20er Jahre angestrengten Bemühungen um eine entsprechende Prüfnorm das Entwurfstadium noch nicht überschritten.

2.2.1 Lebensdauerprüfverfahren nach ASTM

In den U.S.A. wird die Lebensdauerprüfung metallischer Heizleiter nach zwei Verfahren durchgeführt, die durch die American Society for Testing and Materials (ASTM) zu

Normen erklärt wurden (/7/, /8/). Die Vorarbeiten hierzu wurden von F. E. Bash und J. W. Harsch geleistet (/9/).

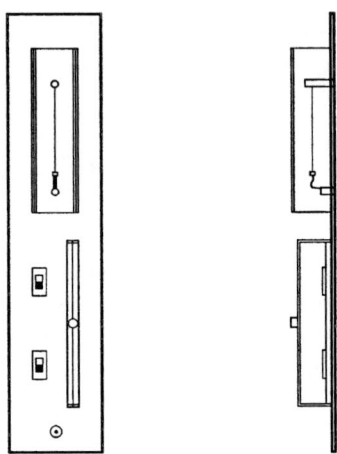

Bild 2.1: Lebensdauerprüfanlage für austenitische Heizleiterlegierungen nach ASTM B 76

Bild 2.1 zeigt den Aufbau einer Lebensdauerprüfanlage für austenitische Heizleiterlegierungen nach /7/. Der Prüfdraht wird dabei vertikal, gerade eingebaut und ist am unteren Ende nicht ortsfest, sondern flexibel über eine 38 µm dünne Silberfolie kontaktiert, wobei zusätzlich am unteren Ende des Prüfdrahtes noch ein Zuggewicht von 10 g angebracht ist. Der Prüfdraht hat eine Länge von 305 mm und einen Durchmesser von 0,64 mm. Der eingebaute Prüfdraht ist von einem transparenten Behälter umgeben, um zu verhindern, daß die Prüfergebnisse durch undefiniert vorbeiströmende Luft verfälscht werden. Der Prüfdraht wird über die beiden Klemmen in einen elektrischen Stromkreis eingebunden und durch einen definierten Heizstrom bis zur gewünschten Prüftemperatur erhitzt. Der intermittierende Betrieb wird durch einen "interrupter" gewährleistet. Die Prüfung kann als "constant voltage test" oder als "constant temperatur test" erfolgen. In beiden Fällen schreibt die Prüfnorm vor, in Abständen von 24 h eine manuelle Regelung der Prüfgröße (Spannung oder Drahttemperatur) vorzunehmen. Die Drahttemperatur wird dabei mit einem Glühfadenpyrometer erfaßt. Es wird empfohlen, die Prüfung in einem Taktverhältnis "on:out" = 1:1 durchzuführen, wobei die optimale Taktdauer mit 2 min angegeben ist.

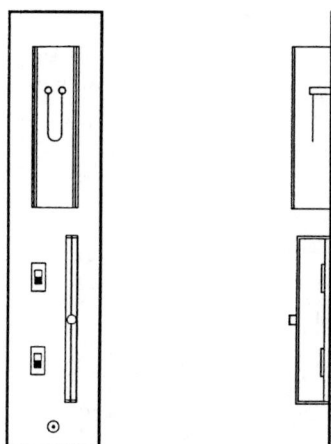

Bild 2.2: Lebensdauerprüfanlage für ferritische Heizleiterlegierungen nach ASTM B78

Bild 2.2 zeigt dagegen den Aufbau einer Lebensdauerprüfanlage für ferritische Heizleiterlegierungen nach /8/. Im Unterschied zur Prüfanlage nach Bild 2.1 ist der Prüfdraht zwischen zwei benachbarten Klemmen senkrecht freihängend in U–Form eingespannt. Dieser Aufbau wurde gewählt, da wegen der geringen Warmfestigkeit ferritischer Heizleiterlegierungen das Zuggewicht von 10 g eine unzulässige Längung des Prüfdrahtes zur Folge hätte. Die Länge des Prüfdrahtes beträgt 254 mm, der Durchmesser wie im obigen Fall 0,64 mm. Im Gegensatz zur Anlage nach Bild 2.1 kann mit der Prüfanlage für ferritische Heizleiter die im Laufe der Prüfung stattfindende Längenänderung des Prüfdrahtes nicht direkt erfaßt werden. Hinsichtlich der Abschottung des Prüfdrahtes, der Temperaturregelung und der empfohlenen Taktdauer bestehen keine Unterschiede zwischen den beiden Prüfanlagen.

2.2.2 Entwicklung der Lebensdauerprüfung in Deutschland

Die Lebensdauerprüfung metallischer Heizleiterlegierungen wird in Deutschland nach keinem einheitlichen genormten Verfahren durchgeführt. Ein Normenentwurf (/10/, /11/) schlug einen Prüfaufbau nach Bild 2.3 vor, wonach "ein Prüfdraht von 0,4 mm Durchmesser in gewendelter Form waagrecht mindestens 80 mm über der Unterlage freihängend an massiven Stromzuführungen zu befestigen sei". Die gewendelte Ausführung des Prüfdrahtes wurde verwendet, da im Gesichtsfeld des Pyrometers die Drahtwendel im

Gegensatz zum geraden Draht einen größeren Vergleichshintergrund für den Glühfaden bietet. Mit der Entwicklung des Mikropyrometers wurde der Einsatz der gewendelten Form entbehrlich, so daß heute neben der Prüfwendel auch die Form des geraden Prüfdrahtes eingesetzt wird (/12/../18/).

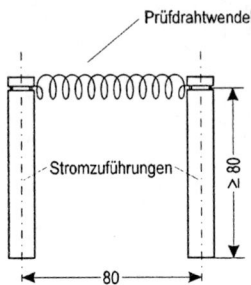

Bild 2.3: Prüfaufbau nach dem deutschen Normenentwurf

Bild 2.4 zeigt den Aufbau eines Beispiels für eine heute im Einsatz befindlichen Prüfanlage (/6/).

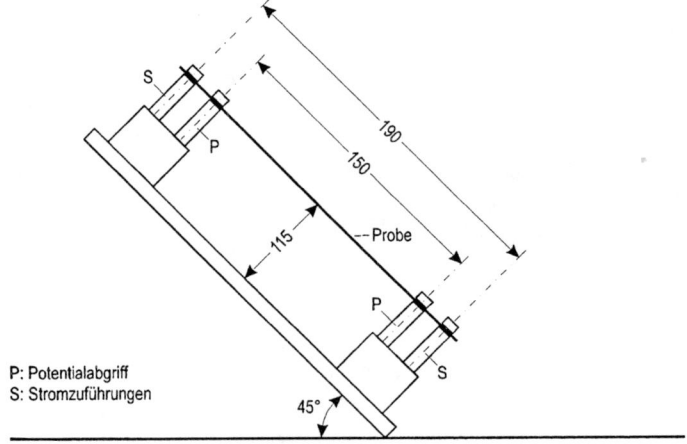

Bild 2.4: Aufbau einer Prüfanlage mit geneigter Probenhalterung

Die geraden Prüfdrähte sind unter einem Winkel von 45° eingespannt, um eine erleichterte optische Temperaturmessung zu gewährleisten. Geprüft werden hierbei sowohl austenitsche als auch ferritische Drähte mit einem Durchmesser von 0,4 mm und einer Prüflänge von 150 mm. Analog zu den ASTM–Verfahren wird ein starres Taktverhältnis von 2 min "Heizen" und 2 min "Abkühlen" gewählt. Die Erfassung der Drahttemperatur erfolgt diskontinuierlich mit einem Glühfaden–Mikropyrometer und wird bei Bedarf manuell nachgeregelt.

Die beschriebenen Verfahren lassen sowohl eine Prüfung bei konstanter Drahttemperatur, als auch bei konstanter Betriebsspannung zu. Da im Falle konstanter Spannung diejenigen Heizleiterlegierungen, die eine starke Widerstandszunahme aufweisen, zwangsläufig höhere Lebensdauerwerte erzielen, dies aber nicht dem Einsatz in regelbaren Industrieanlagen entspricht und damit zu einer falschen Tauglichkeitseinstufung führen kann, verwendet die Industrie nahezu ausschließlich das Prüfverfahren mit konstanter Drahttemperatur.

Im Unterschied zu den ASTM–Normen ist bei den deutschen Prüfverfahren keine Kapselung des Prüfdrahtes vorgesehen. Hierin liegt einer der wesentlichen Nachteile der zur Zeit in Deutschland benutzten Verfahren, worauf im folgenden Abschnitt genauer eingegangen werden soll.

2.2.3 Nachteile der bisherigen Verfahren

Alle in den vergangenen Abschnitten vorgestellten Lebensdauer–Prüfverfahren für metallische Heizleiter weisen Nachteile auf. Die beiden amerikanischen Prüfverfahren schreiben zwar eine Kapselung der Prüfdrähte vor und haben damit gegenüber den deutschen Verfahren zumindest den störenden Einfluß von Zugluft eliminiert. Die Umgebungstemperatur der Prüfdrähte liegt aber bei allen bisherigen Verfahren bei Raumtemperatur. Damit herrschen unterschiedliche Umgebungstemperaturen beim Prüfen und beim praktischen Einsatz der Heizleiter. Im Falle der in Abschnitt 2.2.2 beschriebenen Verfahren führt der Einfluß von Luftfeuchtigkeit und Klima standortabhängig zu unterschiedlichen Prüfergebnissen.

Ein Verfahren zur Qualitätssicherung und Lebensdauerprüfung von Heizleitern und Heizleitermaterial muß praxisnah durchgeführt werden und anwendungsgerechte Ergebnisse liefern können. Wärmetechnische Vorgänge sind in ihrem Temperaturverhalten durch den Einfluß der Strahlung im wesentlichen nichtlinear. Das Zunder- und das Oxidationsverhalten eines Heizleiters sind ebenfalls stark nichtlinear von der Temperatur abhängig. Findet eine Heizleiterprüfung in einem anderen Temperaturbereich statt als er durch die Verhältnisse der Praxis gegeben ist, wird besonders das Korrosionsverhalten nicht richtig wiedergegeben. Eine Übertragbarkeit solcher Prüfverfahren auf die Praxis ist daher nicht gewährleistet.

Die beschriebenen Verfahren arbeiten mit einer starren Zeitsteuerung, wobei Randbedingungen oder Störeinflüsse nicht berücksichtigt werden können. Neben der mangelnden Flexibilität dieser Verfahren liegt ein weiterer Nachteil in dem mit ihrer Durchführung verbundenen hohen Zeitaufwand. Mit einem Prüftakt von 2 min errechnet sich die Periodendauer einer Schaltung zu 4 min. Bei einer typischen Lebensdauer von 10^4 Schaltungen ergibt sich für ein heute übliches Verfahren nach Gleichung (2.2) eine Prüfdauer von 27,78 Tagen.

$$\text{Prüfdauer} = 10^4 \text{ Schaltungen} \cdot 4 \text{ min / Schaltung} = 27 \text{ d } 18 \text{ h } 40 \text{ min} \qquad (2.2)$$

Die wesentlichen Nachteile der genannten Prüfverfahren für metallischen Heizleiterlegierungen können wie folgt zusammengefaßt werden:

• Umgebungsabhängigkeit,
• mangelnde Anwendungsadäquanz,
• geringe Flexibilität,
• hoher Zeitaufwand.

In der Literatur finden sich keine Hinweise über ein Prüfverfahren, das keines der vorbeschriebenen Mängel aufweist. Dagegen sind in der Vergangenheit einige Untersuchungen zur Optimierung von Detailproblemen durchgeführt worden (/19/../28/).

2.3 Ansätze zur Optimierung der Lebensdauerprüfung

Unter Optimierung der bestehenden Lebensdauer–Prüfverfahren für metallische Heizleiter wird vorrangig eine zeitliche Verkürzung der Prüfdauer verstanden. Dies erklärt sich leicht aus dem Zeitraum von drei bis vier Wochen, der bis zur Ermittlung der Lebensdauerwerte benötigt werden kann.

Eine zeitliche Verkürzung der verschiedenen intermittierenden Prüfverfahren kann nach /24/ durch

- Erhöhung der Glühtemperatur und
- Vergrößerung der Anzahl der Temperaturwechsel pro Zeiteinheit

erreicht werden.

Die mathematische Erfassung der Abhängigkeit eines Prüfelementes von der Temperatur wird aus der Theorie der Gaskorrosion von Metallen (/3/, /29/../32/) abgeleitet. Die Dauer des Oxidationsprozesses eines Heizleiters wird durch die allgemeine Formel

$$\log\left(\frac{t_{Ox}}{s}\right) = \frac{q}{R \cdot T} + C \tag{2.3}$$

beschrieben. Dabei bedeutet:

t_{Ox} : Dauer des Oxidationsprozesses,
T : thermodynamische Temperatur,
q : spezifische Aktivierungsenergie des Korrosionsprozesses,
R : allgemeine Gaskonstante,
C : Werkstoffkonstante.

Dieser Zusammenhang wurde als Grundlage einer Temperaturabhängigkeit der Lebensdauer von Heizleitern verwendet, und hat sich in der von Fischer (/10/, /11/) angegebenen Form allgemein durchgesetzt:

$$\frac{t_1}{t_2} = \left(\frac{T_1}{T_2}\right)^x \tag{2.4}$$

mit x als Werkstoffkonstante sowie t_1 und t_2 als Lebensdauerkenngrößen, die bei den Temperaturen T_1 und T_2 bestimmt werden. Im doppeltlogarithmischen Maßstab aufgetragen, ergibt Gleichung (2.4) eine Gerade mit einem durch die Werkstoffkonstante x vorgegebenen Neigungswinkel. Der Schluß dieser theoretischen Linearität, daß durch die Angabe der beiden Wertepaare (t_1, T_1) und (t_2, T_2) das zu untersuchende Heizleitermaterial ausreichend bestimmt ist und daher bei entsprechender Wahl der beiden Temperaturen T_1 und T_2 die Prüfzeit bedeutend eingeschränkt werden könnte, hat sich in der Praxis der bisherigen Prüfverfahren als unzulässig erwiesen. In Arbeiten von Schulze und Bender (/15/../17/) wurde festgestellt, daß die experimentell ermittelten Charakteristiken häufig von den theoretischen abweichen. Beuken (/19/) konnte zusätzlich bemerken, daß kurze Prüfzeiten, die durch höhere Prüftemperatur erzielt werden, von einer größeren Streuung der Ergebnisse begleitet sind.

Eine Erklärung des Einflusses der Temperatur auf die Prüfdauer nach rein pysikalischen Grundsätzen zeigt, daß mit der Erhöhung der Prüftemperatur ein Ansatz zur Verkürzung der Prüfverfahren gewählt werden kann, wenngleich die vorgenannten Beobachtungen theoretisch noch nicht vollständig erfaßt sind (/24/):

* Bei wachsender Temperatur laufen Diffusionsprozesse schneller ab.
* Die mechanische Belastung der Oxidschicht ist bei Abkühlung des Prüfdrahtes von höheren Temperaturen stärker, womit die Intensität der Zerstörung steigt.
* Eine Temperaturerhöhung beschleunigt die strukturellen Veränderungen im Heizleitergefüge.

Die phänomenologische Betrachtung des Einflusses der Glühtemperatur auf die Prüfdauer hat bei Herstellern und Anwendern zu einer gewissen Willkür bei der Auswahl der Prüftemperaturen und der Interpretation der Prüfergebnisse geführt. Gleichwohl existieren zumindest bei der heizleiterproduzierenden Industrie (/33/../35/) empirisch ermittelte Datenblätter, die quantitative Aussagen über den Einfluß der Temperatur auf die Lebensdauer von Heizleitern machen können.

Der zweite Ansatz zur Verkürzung der Lebensdauerprüfung liegt nach Zawadzka (/24/) in einer Vergrößerung der Anzahl der Temperaturwechsel pro Zeiteinheit, was einer Verkürzung der Schaltzyklen entspricht. Bild 2.5 zeigt den Verlauf der Abhängigkeit der Lebensdauer eines Prüfelements vom Schaltzyklus, wobei ein konstantes Taktverhältnis von "Ein" : "Aus" = 1:1 vorausgesetzt wird. Das von Bash und Harsch im Rahmen ihrer Untersuchungen (/9/) postulierte ideale Taktverhältnis von "Ein" : "Aus" = 2 min : 2 min stellt danach nicht die größtmögliche Verkürzung der Lebensdauerprüfung dar. Ein minimaler Arbeitszyklus ist bei einem Taktverhältnis "Ein" : "Aus" < 0,5 min : 0,5 min zu erwarten (/24/). Noch kürzere Taktverhältnisse werden die Gesamtprüfdauer wieder ansteigen lassen, da aufgrund der Zeitkonstanten des Heizleiters ein Abschalten des Heizstromes nur noch geringe Temperaturänderungen des Prüfdrahtes bewirkt. Ein sehr schnelles Ein- und Ausschalten des Prüfdrahtes nähert sich daher dem Zustand einer kontinuierlichen Glühung.

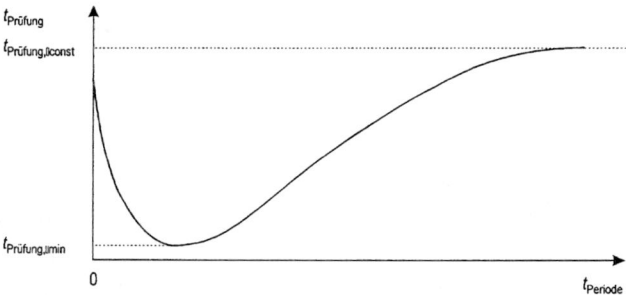

Bild 2.5: Wahrscheinliche Abhängigkeit der Gesamtdauer der Heizleiterprüfung von der Periodendauer

Sowohl die variable Handhabung der Prüftemperatur, als auch die Reduzierung der Zyklusdauer konnten sich in der Industrie nicht durchsetzen, wenngleich beide Methoden als Möglichkeiten zur Verkürzung der Prüfdauer prinzipiell anerkannt sind. Statt dessen hat sich der Begriff der "nützlichen Lebensdauer" etabliert. Im Gegensatz zur "totalen Lebensdauer", die den Zeitabschnitt bis zur Zerstörung des Prüfdrahtes entweder in Stunden oder Anzahl der durchgeführten Schaltungen angibt, wird hierbei die Lebensdauerprüfung nach den bekannten Verfahren nur bis zu dem Zeitpunkt durchgeführt, bei dem der Grenzwert einer Widerstandszunahme des Prüfdrahtes von 10% in Bezug auf den Startwert erreicht ist. Zwar ist diese Angabe in der ASTM–Norm für ferritische Heizleiterlegierungen (/8/) enthalten, andererseits gilt der Wert von 10% als zu willkürlich (/11/). Im Bedarfsfall empfiehlt sich eine Abstimmung auf die sich aus dem Verwendungszweck ergebenden Anforderungen.

Zusammenfassend kann festgehalten werden, daß in diesem Kapitel nur solche Prüfverfahren vorgestellt worden sind, die in dieser Form auch im industriellen Einsatz Verwendung finden. Verfahren, die sich in der Industrie nicht durchgesetzt oder dort keinen Einzug gefunden haben, sind nicht berücksichtigt worden. Trotz der aufgeführten Mängel der beschriebenen Verfahren darf nicht unberücksichtigt bleiben, daß seit Jahrzehnten erfolgreich mit ihnen gearbeitet wird. Das in den folgenden Kapiteln vorzustellende neue Prüfverfahren steht daher nicht nur unter der Prämisse, die bekannten Unzulänglichkeiten der bestehenden Verfahren auszuräumen, sondern muß gleichermaßen aufgrund von reproduzierbaren Ergebnissen hoher Aussagekraft sowie der Möglichkeit von Vergleichsuntersuchungen das Vertrauen der Hersteller und Anwender gewinnen, bevor es als Grundlage einer künftigen Prüfnorm für metallische Heizleiterlegierungen verwendet werden kann.

3 Grundkonzept einer anwendungsadäquaten, umgebungsunabhängigen, kurzen Lebensdauerprüfung

In Kapitel 2 wurden die Mängel der bestehenden Prüfverfahren für metallische Heizleiter beschrieben. Verbesserungsansätze befaßten sich entweder mit der Optimierung technischer Details wie Klemmenkontakte, pyrometrische Temperaturmessung, Aufzeichnung der Meßergebnisse und Regelung der Versorgungsspannung oder suchten Wege, die Prüfverfahren unter Beibehaltung der Verläßlichkeit der Prüfergebnisse zeitlich abzukürzen. Das grundlegende Problem, daß die bestehenden Verfahren nicht anwendungsadäquat und umgebungsabhängig sind, kann jedoch durch keine der beschriebenen verfahrensabkürzenden Maßnahmen gelöst werden, sondern erfordert neben einem veränderten Prüfkonzept auch eine darauf abgestimmte Prüfeinrichtung.

3.1 Kapselung der Prüfdrähte

Ein umgebungsunabhängiges Prüfverfahren für Heizleiterdrähte muß in der Lage sein, den Einfluß von Luftfeuchtigkeit und Klima auf die Prüfergebnisse zu eliminieren. Die Untergrenze der Prüfraumtemperatur ist daher auf über 100 °C zu setzen, was technisch in einem Prüfofen realisierbar ist, innerhalb dessen die Lebensdaueruntersuchung des Heizleiters stattfindet. Durch die intermittierende Prüfweise des Heizleiters ist bei ausreichender Wärmeisolierung des Prüfofens eine separate Beheizung entbehrlich.

Der auftretende Wärmestrom $\dot{Q}$ zwischen Prüfdraht und Ofen bewirkt nach Gleichung (3.1a) und Gleichung (3.1b) eine Erhöhung der Prüfraumtemperatur $\vartheta_{Ofen,\,innen}$, was zu einer gleichmäßigen Trocknung der den Prüfdraht umgebenden Luft innerhalb des Prüfofens führt. Die Gleichungen (3.1a) und (3.1b) beschreiben die auftretenden wärmetechnischen Vorgänge nur sehr grob, da insbesondere der Wärmeübergangskoeffizient α_{gesamt} nur eine vereinfachende Zusammenfassung der in Kapitel 4 exakt behandelten verschiedenen Wärmeübertragungsmechanismen Konvektion, Wärmeleitung und Strahlung darstellt. Das Grundprinzip der Eigenbeheizung des Prüfofens durch den Prüfdraht kann damit aber ausreichend beschrieben werden.

$$\dot{Q} = \alpha_{gesamt} \cdot A_{Draht} \cdot (\vartheta_{Draht} - \vartheta_{Ofen, innen})$$ (3.1a)

$$\vartheta_{Ofen, innen} = \vartheta_{Draht} - \left(\frac{\dot{Q}}{\alpha_{gesamt} \cdot A_{Draht}} \right)$$ (3.1b)

Durch die Wahl eines Rohrofens für die Form des Prüfofens können symmetrische Verhältnisse definiert werden, womit die analytische Behandlung der Wärmeübergangsvorgänge in Zylinderkoordinaten durchgeführt werden kann. Der gerade Prüfdraht wird nach Bild 3.1 in das Zentrum des Prüfzylinders eingebracht. Um vergleichende Aussagen zu den Ergebnissen bestehender Prüfeinrichtungen leichter treffen zu können, wird die in Deutschland am meisten verwendete Prüfdrahtgröße von 0,4 mm Durchmesser übernommen. Eine Untersuchung von Drahtwendeln sieht das Verfahren nicht vor.

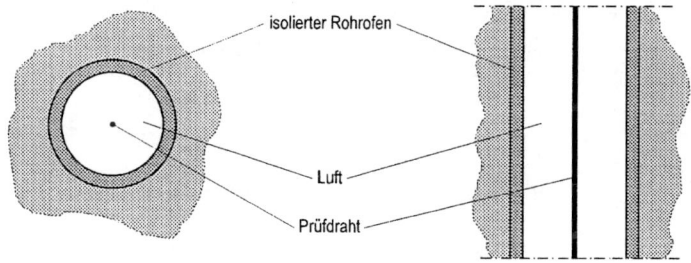

Bild 3.1: Kapselung des Prüfdrahtes

Mit dem Prinzip des beheizten, gekapselten Rohrofens wird auch das Vorbeiströmen undefinierter Zugluft am Prüfdraht verhindert. Durch eine dem industriellen Einsatz von Heizleitern angenäherte Umgebungstemperatur ist zudem eine höhere Anwendungsadäquanz gegeben. Vorversuche (/36/) haben gezeigt, daß Prüfraumtemperaturen von ca. 600 °C erreicht werden können. Dies bedeutet für den Prüfdraht im Vergleich zu den bisherigen Verfahren eine Amplitudenabnahme der Temperaturlastwechsel, aber auch eine temperaturbedingte Beschleunigung der Korrosionsprozesse. Beides entspricht den technischen Einsatzbedingungen von Heizleiterelementen (z.B. in Industrieöfen) und verleiht den Prüfungsergebnissen eine höhere Praxisrelevanz.

Neben der intermittierenden Betriebsweise wird als weiteres Merkmal traditioneller Verfahren die Prüfmethode konstanter Drahttemperatur gewählt. Da eine Temperaturmessung des Prüfdrahtes mit Thermoelementen wegen der damit verbundenen Meßortabkühlung nicht anwendbar ist, muß die Temperatur des Prüfdrahtes optisch ermittelt werden. Der Rohrofen ist daher mit einem Fenster für die pyrometrische Temperaturmessung zu versehen.

3.2 Mehrgrößenregelung und rechnergeführte Prüfstrategie

Die Durchführung der Lebensdauerprüfung wird bisher nach keinem dynamischen Verfahren betrieben. Bei der Prüfmethode konstanter Spannung versorgt eine ausgangsstabilisierte Spannungsquelle den Prüfdraht mit elektrischer Energie. Im Falle konstanter Drahttemperatur erfolgt mit Hilfe eines Glühfadenpyrometers in zeitlich variierenden Abständen ein Vergleich des aktuellen Istwertes der Drahttemperatur mit dem vorgegebenen Sollwert. Regelabweichungen werden gegebenenfalls durch eine manuelle Anpassung der Betriebsspannung ausgeglichen. Von einer Regelung nach Bild 3.2 im Sinne der DIN 19226 (/37/) kann daher nicht gesprochen werden.

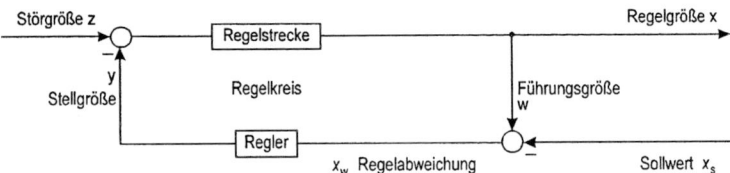

Bild 3.2: Bezeichnungen im Regelkreis

Dies geht auch aus Bild 3.3 hervor, worin die Steuerung einer herkömmlichen Prüfanlage (Prüfung mit konstanter Drahttemperatur) regelungstechnisch dargestellt ist. Die Funktion des "Reglers" übernimmt das Personal, das mit der Betreuung der Prüfversuche betraut ist. Die Betriebsspannung wird, der Funktion eines Haltegliedes entsprechend, zwischen den einzelnen Überprüfungen der Drahttemperatur konstant gehalten. Wegen der langen Zeitabschnitte, die zwischen zwei aufeinanderfolgenden Soll–Ist–Vergleichen der Drahttemperatur vergehen (mehrere Stunden bis einige Tage), kann bei den bestehenden Prüfanlagen nur von einer Steuerung gesprochen werden. Demnach können Störeinflüsse, wie zum Beispiel die Umgebungstemperatur, nicht kompensiert werden, sondern gehen als stochastische Größen in die Prüfergebnisse ein.

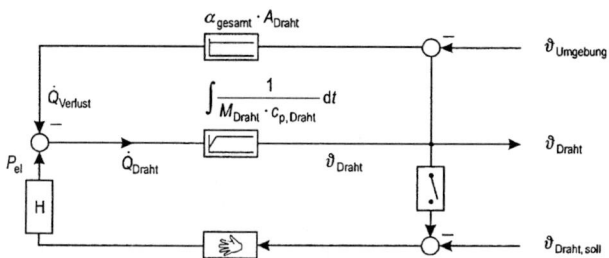

Bild 3.3: Regelkreis einer bestehenden Prüfanlage

Die Möglichkeit, auf Störgrößen reagieren zu können, ist eine Grundvoraussetzung für die Automatisierung einer Lebensdauerprüfeinrichtung. Bild 3.4 zeigt den Regelkreis der im Rahmen dieser Arbeit entwickelten Prüfanlage. Auf die einzelnen Komponenten soll im folgenden genauer eingegangen werden.

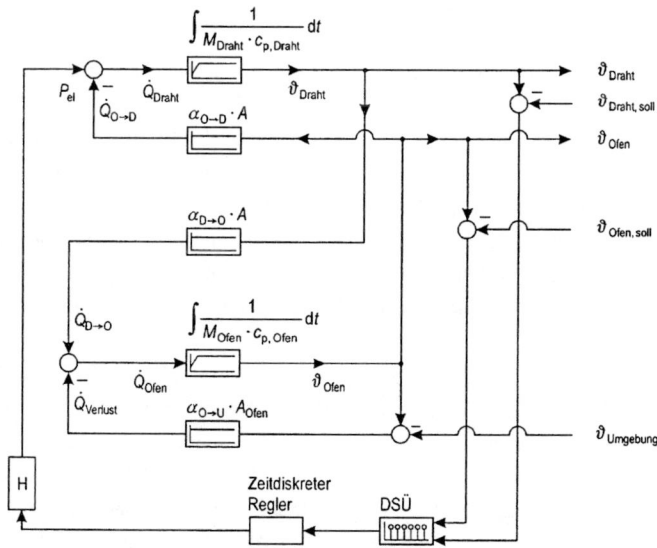

Bild 3.4: Regelkreis des rechnergeführten Heizleiterprüfverfahrens

3.2.1 Mehrgrößenregelung

Mit Mehrgrößen- oder Mehrfachregelung wird in der Regelungstechnik (/38/) ein Betriebsfall definiert, bei dem eine Ausgangsgröße x_a, wie in Bild 3.5 gezeigt, abhängig von mehreren Eingangsgrößen $x_i (i = 1 \dots n)$ ist.

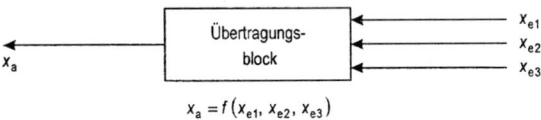

$$x_a = f(x_{e1}, x_{e2}, x_{e3})$$

Bild 3.5: Prinzipschaltbild für eine Mehrgrößenregelung

Wie in Bild 3.4 zu erkennen ist, hängt die Stellgröße "Elektrische Leistung" (P_{el}) sowohl von der Drahttemperatur ϑ_{Draht} als auch von der Prüfraumtemperatur ab, die im folgenden mit ϑ_{Ofen} bezeichnet werden soll. Regelungstechnisch kann weiter festgehalten werden, daß die beiden Regelkreise "Ofen" und "Draht" miteinander durch die Wärmeströme $\dot{Q}_{Draht \to Ofen}$ und $\dot{Q}_{Ofen \to Draht}$ vermascht sind.

Der Prüfdraht wird durch die Versorgung mit elektrischer Energie bis zur gewünschten Prüftemperatur erhitzt. Der Draht selbst zeigt dabei aufgrund seiner geringen Masse und seiner hohen Wärmeleitfähigkeit das Verhalten eines schnellen PI–Reglers. Nach /1/ wird die dem Prüfdraht zugeführte elektrische Energie vollständig in Joulesche Wärme umgewandelt. Der Draht kann Wärme über Strahlung, Wärmeleitung und Konvektion an die Umgebung (Prüfofen) abgeben. Der mit $\dot{Q}_{Draht \to Ofen}$ zusammengefaßte Wärmestrom bewirkt eine Erhöhung der Ofenraumtemperatur ϑ_{Ofen}. Auch der Prüfofen zeigt dabei ein PI–Reglerverhalten, im Vergleich zum Prüfdraht jedoch mit einer größeren Zeitkonstanten.

Erreicht die Prüfofentemperatur einen definierten oberen Grenzwert $\vartheta_{Ofen, max}$, wird dem Prüfdraht keine weitere elektrische Energie zugeführt. Da der Prüfofen nicht ideal isoliert sein kann, findet solange eine Wärmeaustausch mit der Umgebung statt, bis die beiden Systeme "Ofen" und "Umgebung" die gleiche Temperatur haben. Der Prüfofen wird daher abkühlen solange $\dot{Q}_{Verlust} > 0$ ist. Während der Abkühlphase des Ofens bewirkt der unter $\dot{Q}_{Ofen \to Draht}$ zusammengefaßte Wärmestrom, daß der Prüfdraht sich nur bis auf das stetig sinkende Temperaturniveau des Ofeninnenraumes abkühlen kann. Sobald die

Prüftemperatur einen definierten unteren Grenzwert $\vartheta_{Ofen, min}$ erreicht hat, startet der nächste Prüfzyklus, indem der Prüfdraht wieder mit elektrischer Energie versorgt wird.

Das Aufheizen des Prüfdrahtes kann beschleunigt werden, wenn dem Draht zu Beginn der Heizphase eine um 20% höhere Betriebsspannung aufgeschaltet wird als zum Erreichen der gewünschten Prüftemperatur notwendig ist. Mit Hilfe einer schnell regelbaren Leistungsversorgung wird die am Prüfdraht anliegende Betriebsspannung mit Erreichen der gewünschten Drahttemperatur auf den 100% –Wert reduziert. Eigene meßtechnische Untersuchungen haben ergeben, daß die Zeitersparnis während der Aufheizphase je nach Drahttyp und gewählter Prüftemperatur zwischen 3 und 5 Sekunden beträgt. Bei einer Anzahl von 6000 Schaltzyklen bedeutet dies eine mittlere Verkürzung des Prüfverfahrens um ca. 7 Stunden.

In Anlehnung an die Untersuchungen von Zawadzka (/24/) wird eine Periodendauer von weniger als 30 Sekunden angestrebt, um die hiermit verbundene Verkürzung der Lebensdauer realisieren zu können. Sowohl die in der Glühphase in den Draht eingespeiste und in Wärme umgesetzte elektrische Energie als auch die die Abkühlgeschwindigkeit maßgeblich bestimmende Wärmeisolierung des Prüfofens müssen auf diese Restriktion abgestimmt werden.

Das Temperaturintervall zwischen dem oberen und unteren Grenzwert der Ofenraumtemperatur muß an zwei Randbedingungen angepaßt werden.

Mit einem großen Temperaturintervall verlängert sich zwingend die damit verbundene Abkühlphase des Ofens. Hierbei ist der Wert von 30 Sekunden zu beachten.

Ein zu kleines Temperaturintervall bewirkt, daß aufgrund der damit verbundenen Verkürzung der Abkühlphase ein intermittierender Prüfungsbetrieb zunehmend durch einen quasi–stationären Betrieb ersetzt wird, womit eine künstliche Alterung der Heizleiterdrähte nicht realisiert werden kann. Die Größe des Temperaturintervalles bestimmt die Anforderungen, die an die Genauigkeit der Meßapparatur gestellt werden müssen, welche in letzter Konsequenz durch eine Kostenanalyse limitiert werden.

In Bild 3.6 ist zur Verdeutlichung der Wirkungsweise des Regelkreises nach Bild 3.4 der Verlauf der physikalischen Größen ϑ_{Draht}, ϑ_{Ofen}, u_{Draht} und i_{Draht} während eines vollständigen Prüfzyklus qualitativ dargestellt, wobei mit u_{norm} und i_{norm} jeweils die 100%–Werte, mit u_{hoch} und i_{hoch} die 120% –Werte beschrieben werden.

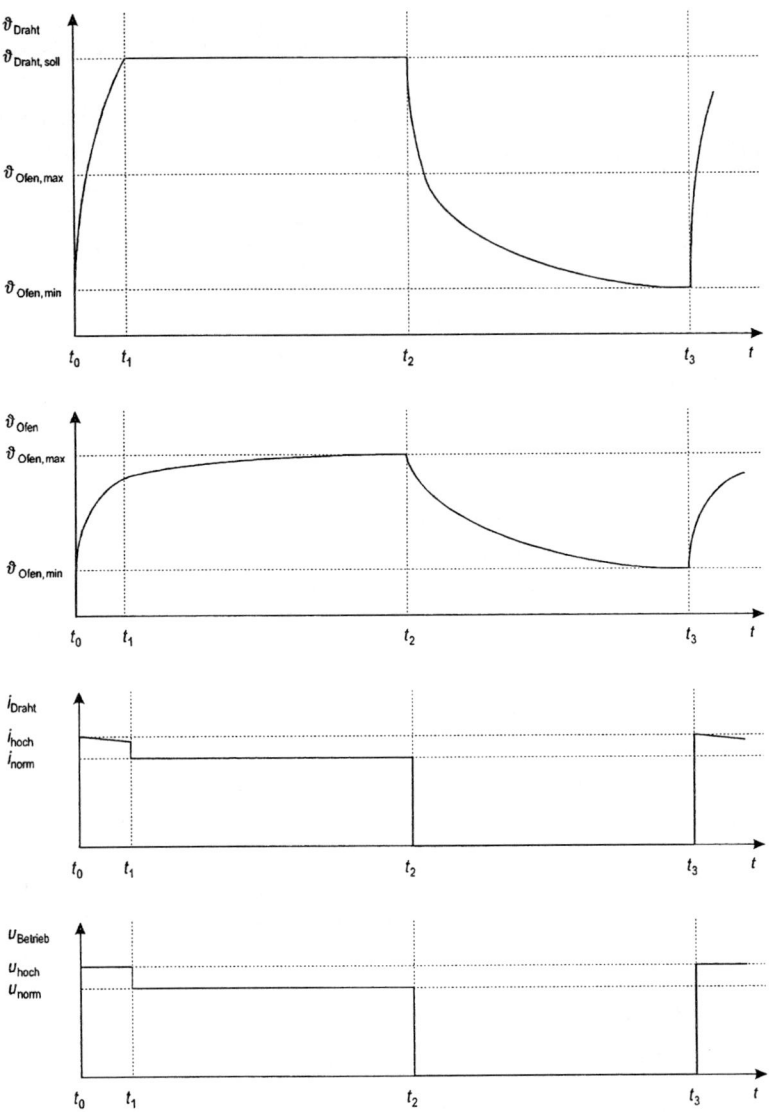

Bild 3.6: Qualitativer Verlauf von ϑ_{Draht}, ϑ_{Ofen}, i_{Draht} und u_{Betrieb} während eines Prüfzyklus

3.2.2 Messen der physikalischen Größen

Bei dem vorgestellten Heizleiterprüfverfahren werden die physikalischen Größen "Elektrische Spannung", "Elektrischer Strom", "Drahttemperatur" und "Prüfraumtemperatur" zur Regelung der gesamten Prüfeinrichtung benötigt. Das Messen dieser Größen erfolgt auf unterschiedliche Weise.

Die elektrische Spannung kann ebenso wie der elektrische Strom über ein sogenanntes Monitorsignal an der Leistungsversorgung abgegriffen werden. Dies bedeutet, daß in beiden Fällen eine der physikalischen Größe äquivalente Meßspannung in geeigneter Weise erfaßt und zur weiteren Verarbeitung im Regler benutzt werden kann. Nach diesem Prinzip der Meßwertumformung wird auch die mit Hilfe eines Quotientenpyrometers ermittelte Drahtoberflächentemperatur in Form einer temperaturproportionalen Meßspannung ausgewertet. Das zur Ermittlung der Prüfraumtemperatur eingesetzte Miniatur–Mantelthermoelement liefert eine Meßspannung im μV–Bereich, die nur vom Temperaturunterschied zwischen Meßstelle und Vergleichsstelle (/39/) abhängig ist. Aufgrund des geringen Signalpegels ist eine Verstärkung dieser Meßspannung erforderlich, wobei eine rauscharme Signalführung von entscheidender Bedeutung ist. Da üblicherweise das Meßsignal eines Thermoelementes erst am Ort seiner Verarbeitung elektronisch verstärkt wird, würde bei unzureichender Rauschunterdrückung neben dem Meßsignal auch der Rauschanteil verstärkt werden, was das Meßsignal unter Umständen unbrauchbar machen kann, in jedem Fall aber zu einem erhöhten technischen Aufwand bei der Weiterverarbeitung des Signals führt (/40/, /41/).

3.2.3 Rechnergeführte Prüfstrategie

Durch die Kapselung der Prüfdrähte kann der Einfluß der Luftfeuchtigkeit auf die Streuung der Prüfergebnisse eliminiert werden. Aus Gründen der Flexibilität des Prüfverfahrens und der Möglichkeit schneller Reaktion auf Störgrößen wird im Gegensatz zu den bisherigen Prüfverfahren keine starre, sondern eine dynamische rechnergeführte Prüfstrategie eingesetzt.

Bei dem verwendeten Rechner handelt es sich um einen konventionellen Personal Computer. Die Prüfstrategie sieht vor, daß lediglich der Ein- und Ausbau des Prüfdrahtes in den Prüfofen manuell vorgenommen wird. Die anschließende Durchführung der Prüfung und die Protokollierung der Prüfergebnisse geschieht vollautomatisch und wird von einem Software–Programm gesteuert. Um statistische Aussagen treffen zu können, besteht die Prüfanlage aus vier gleichartigen Prüföfen, die zeitlich parallel und unabhängig voneinander betrieben werden können.

Programmgesteuert werden die im vorangegangenen beschriebenen physikalischen Meßgrößen in den PC eingelesen und dort zur Regelung des Prüfablaufes weiterverarbeitet. Da eine kontinuierliche pyrometrische Meßwerterfassung für jeden Prüfofen ein eigenes Pyrometer erforderlich macht und dies aus Wirtschaftlichkeitsgründen nicht sinnvoll erscheint, steuert das Programm den zyklischen Einsatz eines Pyrometers für alle vier Prüföfen.

In Abhängigkeit der gemessenen physikalischen Größen regelt das Programm nicht nur den vollständigen Ablauf der intermittierenden Prüfung, sondern auch die Werte der während den einzelnen Prüfabschnitten benötigten Betriebsspannungen. Eine gestufte und regelbare Energieversorgung des Prüfdrahtes kann aus diesem Grund nicht mehr über Regeltransformatoren mit mehrfacher Anzapfmöglichkeit geschehen, da hierbei nur ein grobes Spannungsraster eingestellt werden kann, das zudem noch manuell geregelt wird. Die elektrische Energie wird jedem Prüfdraht über ein separates, geregeltes und rechnersteuerbares Schaltnetzteil zur Verfügung gestellt.

4 Dimensionierung und Aufbau der Versuchsanlage

Die Realisierung des im vorangegangenen beschriebenen Konzeptes eines neuen Lebensdauerprüfverfahrens für metallische Heizleitermaterialien soll in diesem Kapitel behandelt werden. In einem ersten Abschnitt werden die theoretischen Grundlagen für die Dimensionierung des Prüfofens und dessen technische Realisierung vorgestellt. Dem schließen sich Ausführungen zu den weiteren Anlagekomponenten "Pyrometer", "Leistungsversorgung" und "Pyrometerpositionierung" an sowie die Integration und das Zusammenwirken der einzelnen Komponenten in einem rechnergestützten vollautomatischen Prüfverfahren.

Um die Dimensionierung des Prüfofens vornehmen zu können, müssen die wärmetechnischen Vorgänge, die in Kapitel 3 qualitativ beschrieben wurden, quantitativ untersucht werden. In Anlehnung an die in Deutschland am häufigsten verwendete metrische Prüfgröße für metallische Heizleiter wird der Durchmesser des Prüfdrahtes auf

$$d_{\text{Draht}} = 0,4\,\text{mm} \tag{4.1}$$

festgelegt. Die Wahl der Ausmaße des metallischen Prüfofen–Innenrohres geschieht nach fertigungs- und ausführungstechnischen Aspekten. Ein Prüfrohr mit einem Innendurchmesser

$$d_{\text{Rohr, innen}} = 10\,\text{mm} \tag{4.2}$$

und einer Wanddicke

$$s_{\text{Wand, innen}} = 1\,\text{mm} \tag{4.3}$$

erfüllt sowohl die Kriterien guter mechanischer Bearbeitbarkeit und Bedienbarkeit des Prüfofens im praktischen Einsatz als auch die Forderung, daß die Wärmekapazität C der ausgewählten Materialien möglichst gering zu halten ist. Aufgrund der homogenen Beschaffenheit des Heizleiterdrahtes können bei einer Baulänge von

$$l = 200\,\text{mm} \qquad (4.4)$$

und unter der Bedingung, daß gilt

$$l >> d_{\text{Ofen, innen}} \qquad (4.5)$$

die wärmetechnischen Vorgänge über der gesamten Länge des Prüfofens als konstant betrachtet werden. Bild 4.1 zeigt die vier zylindrischen Prüföfen und die davor befindliche Schiene zur Positionierung des Pyrometermeßkopfes sowie den Schaltschrank für die Steuer- und Leistungselektronik.

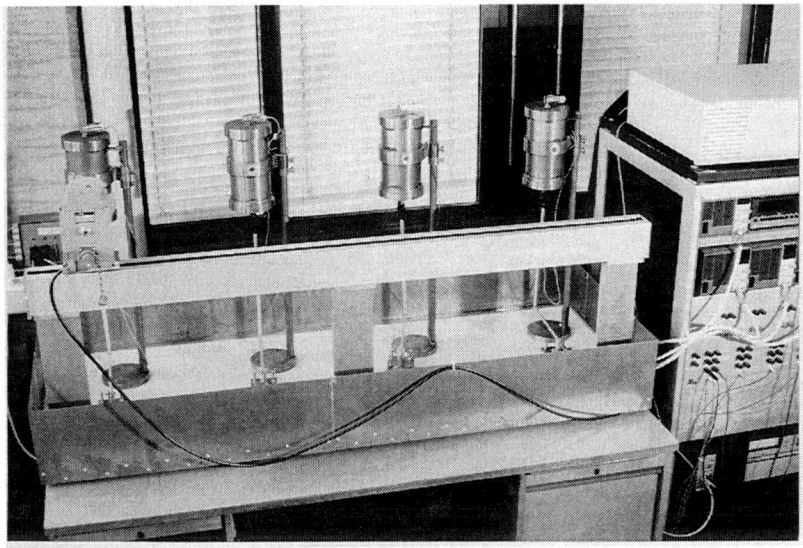

Bild 4.1: Prüfanlage (Prüföfen, Positioniereinrichtung für Pyrometermeßkopf, Schaltschrank für Steuer- und Leistungselektronik)

4.1 Wärmeübertragungsmechanismen

Wärme kann grundsätzlich durch Kontakt und Strahlung übertragen werden. Im Falle der Wärmeübertragung durch Kontakt findet eine Unterscheidung zwischen den beiden Arten Konvektion und Wärmeleitung statt, so daß folgende Wärmeübertragungsmechanismen unterschieden werden müssen:

- Strahlung,
- Leitung,
- Konvektion.

Mit den im folgenden durchgeführten überschlägigen Berechnungen soll überprüft werden,

- welche der drei genannten Wärmeübertragungsmechanismen zu berücksichtigen sind,
- welche elektrische Leistung in den Prüfdraht eingespeist werden muß, um den Prüfofen auf eine gewünschte Prüfraumtemperatur zu erwärmen,
- welche Wanddicke für die Isolierung des Prüfofens gewählt werden muß.

Den Berechnungen liegen die folgenden Annahmen und Vorgaben zugrunde:

- Prüfdrahttemperatur:
  Die gewählte Prüfdrahttemperatur ist abhängig vom verwendeten Heizleitermaterial. Die verschiedenen Heizleiterlegierungen besitzen unterschiedliche Anwendungsgrenztemperaturen, welche bei der Lebensdauerprüfung zu berücksichtigen sind. Für die wärmetechnischen Berechnungen wird eine typische Prüfdrahttemperatur von 1200 °C angesetzt.

- Prüfraumtemperatur:
  Um den Einfluß der Prüfraumtemperatur auf die Lebensdauerprüfung untersuchen zu können, muß das neue Prüfverfahren in der Lage sein, innerhalb sinnvoller Grenzen eine Variation der Prüfraumtemperatur zu ermöglichen. Als Maximalwert wird eine mittlere Prüfraumtemperatur von 600 °C gewählt. Auf diesen Wert wird auch die Wärmeisolierung des Ofens ausgelegt.

Die Beheizung des Prüfofens erfolgt direkt durch den Heizleiterdraht während der Glühphasen der intermittierenden Prüfung. Der vom Prüfdraht zur Ofeninnenwand fließende
Wärmestrom $\dot{Q}_{Draht \to Ofen}$ setzt sich nach Gleichung (4.6) aus drei Komponenten zusam-
men.

$$\dot{Q}_{Draht \to Ofen} = \dot{Q}_{Strahlung} + \dot{Q}_{Leitung} + \dot{Q}_{Konvektion} \tag{4.6}$$

Die Unterscheidung in drei einzelne Wärmeströme ist durch die verschiedenen Wärmeübertragungsmechanismen bedingt.

4.1.1 Wärmeübertragung durch Strahlung

Die Energie, die zwei Körper durch Strahlung austauschen können, wird nach Gleichung
(4.7) allgemein beschrieben und durch Bild 4.2 erläutert.

$$\dot{Q}_{12} = \varepsilon_1 \varepsilon_2 \cdot \sigma \cdot (T_1^4 - T_2^4) \cdot \frac{1}{\pi} \cdot \int_{A_1} \int_{A_2} \frac{\cos(\beta_1) \cdot \cos(\beta_2)}{s^2} \, dA_1 \, dA_2 \tag{4.7}$$

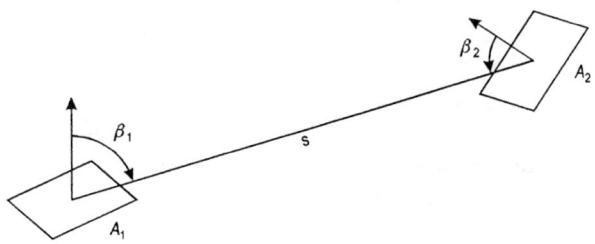

Bild 4.2: Strahlungsaustausch zwischen zwei Flächen

Der Strahlungsaustausch zwischen zwei Körpern ist daher abhängig von deren Emissi-
onsgraden ε_1 und ε_2, dem Temperaturniveau und der Geometrie der Körper, der Tempe-
raturdifferenz zwischen den Körpern sowie der räumlichen Lage der Körper zueinander.

Für den vorliegenden Sonderfall von sich umhüllenden Flächen vereinfacht sich Gleichung (4.7) zu:

$$\dot{Q}_{12} = \frac{A_1 \cdot \sigma}{\dfrac{1}{\varepsilon_1} + \dfrac{A_1}{A_2} \cdot \left(\dfrac{1}{\varepsilon_2} - 1\right)} \cdot \left(T_1^4 - T_2^4\right) \tag{4.8}$$

wobei A_1 die Fläche des kleineren innenliegenden Körpers beschreibt. Für $A_1 \ll A_2$ gilt Gleichung (4.9):

$$\dot{Q}_{12} = A_1 \cdot \sigma \cdot \varepsilon_1 \cdot \left(T_1^4 - T_2^4\right) \tag{4.9}$$

Ein Vergleich der beiden sich umhüllenden Flächen A_1 und A_2 zeigt, daß die Vereinfachung nach Gleichung (4.9) im vorliegenden Fall zulässig ist:

$$A_1 = 2\pi \cdot r_{\text{Draht}} \cdot l$$
$$A_1 = 2{,}51 \cdot 10^{-4} \, \text{m}^2 \tag{4.10}$$

$$A_2 = 2\pi \cdot r_{\text{Ofen, innen}} \cdot l$$
$$A_2 = 6{,}28 \cdot 10^{-3} \, \text{m}^2 \tag{4.11}$$

$$\frac{A_1}{A_2} \approx 4 \cdot 10^{-2} \tag{4.12}$$

Der Wärmestrom $\dot{Q}_{\text{Strahlung}}$ errechnet sich nach Gleichung (4.9) mit $\varepsilon_1 = 0{,}8$ zu

$$\dot{Q}_{\text{Strahlung}} = 2{,}51 \cdot 10^{-4} \, \text{m}^2 \cdot 5{,}67 \cdot 10^{-8} \, \frac{\text{W}}{\text{m}^2 \text{K}^4} \cdot 0{,}8 \cdot \left(1473^4 - 873^4\right) \text{K}^4 \tag{4.13}$$

$$\dot{Q}_{\text{Strahlung}} = 47 \, \text{W} \tag{4.14}$$

Wird in Gleichung (4.13) der Wert des Emissionsgrades eines oxidierten Drahtes mit 0,9 eingesetzt, verändert sich das Ergebnis von Gleichung (4.14) zu einem Wärmestrom von 53 W. Als überschläiger Wert kann daher ein Wärmestrom durch Strahlung von 50 W angenommen werden.

4.1.2 Wärmeübertragung durch Leitung

Der allgemeine Fall der Wärmeübertragung durch Leitung wird mit Gleichung (4.15) beschrieben, wobei mit $\vec{q}$ die vektorielle Wärmestromdichte und mit λ die Wärmeleitfähigkeit des Mediums bezeichnet werden.

$$\vec{q} = -\lambda \cdot \operatorname{grad} \vartheta \qquad (4.15)$$

Im Gegensatz zur Strahlung ist die Wärmeleitung daher an die Anwesenheit von Materie
gebunden. Gleichung (4.15) vereinfacht sich im vorliegenden Fall, da die Wärmeübertragung über der gesamten Länge des Ofens als konstant betrachtet werden kann und die
Wärmeleitung nur in radialer Richtung berechnet zu werden braucht. Für den Sonderfall
der eindimensionalen Wärmeleitung ergibt sich in Zylinderkoordinaten:

$$\dot{Q}_{\text{Leitung}} = \frac{2\pi \cdot \lambda_{\text{Luft}} \cdot l \cdot \left(\vartheta_{\text{Draht}} - \vartheta_{\text{Ofen, innen}}\right)}{\ln\left(\dfrac{r_{\text{Ofen, innen}}}{r_{\text{Draht}}}\right)} \qquad (4.16)$$

Da die Wärmeleitfähigkeit der Luft im Temperaturbereich von 600 °C bis 1200 °C nach
Bild 4.3 ein annähernd lineares Verhalten aufweist, kann für die Überschlagsrechnung
eine mittlere Wärmeleitfähigkeit der Luft $\lambda_{\text{Luft, 900°C}}$ eingesetzt werden.

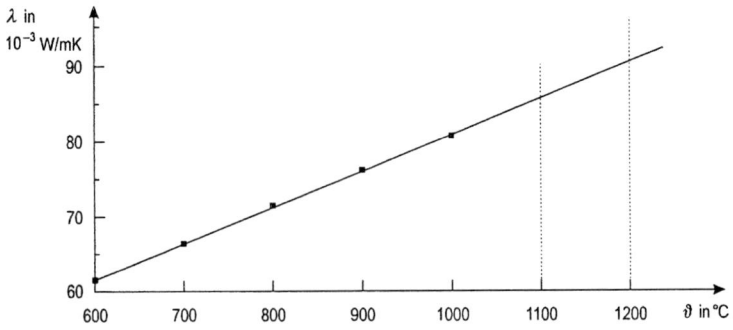

Bild 4.3: Wärmeleitfähigkeit der Luft

$\dot{Q}_{\text{Leitung}}$ errechnet sich damit zu:

$$\dot{Q}_{\text{Leitung}} = \frac{2\pi \cdot 74,3 \cdot 10^{-3}\,\dfrac{W}{mK} \cdot 0,2\,m \cdot (1200\,^\circ C - 600\,^\circ C)}{\ln\left(\dfrac{5\,mm}{0,2\,mm}\right)}$$

$$\dot{Q}_{\text{Leitung}} = 17,4\,W \qquad\qquad (4.17)$$

4.1.3 Wärmeübertragung durch Konvektion

Bei der Ermittlung des Energiestromes durch Konvektion wird in der Literatur mit Ähnlichkeitskennzahlen gearbeitet. Allgemein gilt nach Gleichung (4.18), daß der konvektionsbedingte Wärmestrom $\dot{Q}_{\text{Konvektion}}$ von dem Wärmeübergangskoeffizienten α_K und der an der Wärmeübertragung beteiligten Oberfläche A des umströmten Körpers abhängt.

$$\dot{Q}_{\text{Konvektion}} = \alpha_K \cdot A \cdot (\vartheta_1 - \vartheta_2) \qquad\qquad (4.18)$$

Die auftretende Konvektion ist im vorliegenden Fall als "freie" oder "natürliche" Konvektion zu bezeichnen, die durch temperaturbedingte Dichteunterschiede in dem den Körper umgebenden Medium   hervorgerufen wird. Im Gegensatz dazu werden "erzwungene" Strömungen durch äußere Kräfte erzeugt, zum Beispiel durch den Einsatz von Pumpen oder Ventilatoren.

Zur Ermittlung von α_K ist die Bestimmung der Kennzahlen Pr (Prandtl–Zahl), Gr (Grashof–Zahl) und Nu (Nußelt–Zahl) notwendig. Die Definitionen der Ähnlichkeitskennzahlen ergeben sich aus den Gleichungen (4.19) – (4.21),

$$\Pr = \frac{v}{a} \qquad\qquad (4.19)$$

mit v als kinematische Viskosität und a als Temperaturleitfähigkeit des strömenden Mediums.

$$Gr = \frac{g \cdot \beta \cdot \Delta\vartheta \cdot l^3}{\nu^2} \qquad (4.20)$$

Hierbei stellt β den räumlichen Wärmeausdehnungskoeffizienten dar, der bei idealen Gasen identisch mit dem Kehrwert der thermodynamischen Temperatur ist. Mit l wird eine charakteristische Länge des umströmten Körpers definiert. Im vorliegenden Fall ist dies die Einbaulänge des senkrecht eingespannten Drahtes.

$$Nu = \frac{\alpha_K \cdot (d_{Ofen, innen} - d_{Draht})}{\lambda} \qquad (4.21)$$

Gleichung (4.21) gilt für den speziellen Fall zweier sich umhüllender Zylinder, wobei der konvektive Wärmeübergang nach Bild 4.4 am inneren Zylinder stattfindet und das Außenrohr isoliert ist. Die Differenz von $d_{Ofen, innen}$ und d_{Draht} stellt den Durchmesser des vertikalen Ringspaltes dar, λ ist die Wärmeleitfähigkeit der Luft bei einer mittleren Temperatur ϑ_m, mit

$$\vartheta_m = \frac{\vartheta_{Draht} + \vartheta_{Ofen, innen}}{2} \qquad (4.22)$$

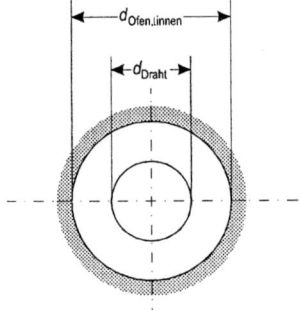

Bild 4.4: Sonderfall zur Ermittlung der Nußelt–Zahl: Wärmeübergang am inneren Zylinder, Außenrohr isoliert

Anhand von Nomogrammen kann die Nußelt-Zahl bei bekannter Geometrie der sich umschließenden Zylinder zu

$$Nu = 18 \tag{4.23}$$

ermittelt werden. Gleichung (4.23) in die Gleichungen (4.18) – (4.21) eingesetzt, ergibt

$$\alpha_K = 155 \, \frac{W}{m^2 \cdot K} \tag{4.24}$$

und

$$\dot{Q}_{Konvektion} = 21\,W \tag{4.25}$$

4.1.4 Stationäre Wärmeverluste des Ofens

Die Ergebnisse der Gleichungen (4.14), (4.17) und (4.25) zeigen, daß der Prüfdraht bei einer Temperatur von 1200 °C, einer Prüfraumtemperatur von 600 °C und einem Emissionsgrad von 0,85 eine Gesamtleistung von

$$\dot{Q}_{Draht \to Ofen} = \dot{Q}_{Strahlung} + \dot{Q}_{Leitung} + \dot{Q}_{Konvektion}$$
$$\dot{Q}_{Draht \to Ofen} = 88\,W \tag{4.26}$$

in Form von Wärme an den Ofen abzugeben in der Lage ist. Im folgenden wird gezeigt, daß die stationären Wärmeverluste des Prüfofens unterhalb des Wertes in Gleichung (4.26) liegen und damit ein Betrieb des Prüfofens bei einer mittleren Innenraumtemperatur von 600 °C möglich ist.

Nach /1/ gilt für den radialen Temperaturverlauf in zylindrischen Koordinaten:

$$\vartheta(r) = \vartheta_i - \frac{\vartheta_i - \vartheta_a}{\ln\left(\frac{r_a}{r_i}\right) + \frac{\lambda}{\alpha_a \cdot r_a}} \cdot \ln\left(\frac{r}{r_i}\right) \tag{4.27}$$

Dabei ist nach Bild 4.5 ϑ_i die Temperatur im Innenrohr, ϑ_a die Umgebungstemperatur des Raumes, in welchem sich der Prüfofen befindet, r_a der Außenradius des Ofens, r_i der Radius des Innenrohres, λ die mittlere Wärmeleitfähigkeit der Ofenisolierung und α_a der Wärmeübergangskoeffizient an der Außenwand des Ofens. Während die Werte für ϑ_i,

r_a, r_i und λ durch die Geometrie des Ofens und durch Materialdaten festgelegt sind, werden für ϑ_a und α_a folgende Rand- bzw. Erfahrungswerte angenommen:

$$\vartheta_a = 25\,°\mathrm{C} \tag{4.28}$$

$$\alpha_a = 12\,\frac{\mathrm{W}}{\mathrm{m}^2 \cdot \mathrm{K}} \tag{4.29}$$

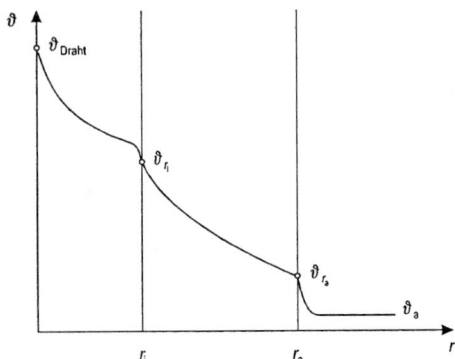

Bild 4.5: Radialer Temperaturverlauf bei zylindrischen Körpern

Die Temperatur an der Außenwand des Prüfofens läßt sich mit Gleichung (4.27) überschlägig bestimmen, wenn $r = r_a = 51\,\mathrm{mm}$ gesetzt wird.

$$\vartheta_{r_a} = 600\,°\mathrm{C} - \frac{600\,°\mathrm{C} - 25\,°\mathrm{C}}{\ln\!\left(\dfrac{51 \cdot 10^{-3}\,\mathrm{m}}{6 \cdot 10^{-3}\,\mathrm{m}}\right) + \dfrac{0{,}14\,\dfrac{\mathrm{W}}{\mathrm{m} \cdot \mathrm{K}}}{12\,\dfrac{\mathrm{W}}{\mathrm{m}^2 \cdot \mathrm{K}} \cdot 51 \cdot 10^{-3}\,\mathrm{m}}} \cdot \ln\!\left(\frac{51 \cdot 10^{-3}\,\mathrm{m}}{6 \cdot 10^{-3}\,\mathrm{m}}\right)$$

$$\vartheta_{r_a} = 80{,}5\,°\mathrm{C} \tag{4.30}$$

Die mit einer Außenwandtemperatur $\vartheta_{r_a} = 80{,}5\,°\mathrm{C}$ gekoppelte Verlustleistung $\dot{Q}_{\mathrm{Verlust}}$ errechnet sich nach /42/ zu:

$$\dot{Q}_{\mathrm{Verlust}} = \left(\vartheta_{r_a} - \vartheta_a\right) \cdot \left[2 \cdot A_{\mathrm{Deckel}} \cdot \left(\alpha_{\mathrm{K,\,Deckel}} + \alpha_{\mathrm{Strahlung}}\right) + A_{\mathrm{Wand}} \cdot \left(\alpha_{\mathrm{K,\,Wand}} + \alpha_{\mathrm{Strahlung}}\right)\right] \tag{4.31}$$

Mit

$$\alpha_{\text{Strahlung}} = \varepsilon \cdot \sigma \cdot \left(T_1^3 + T_1^2 T_2 + T_1 T_2^2 + T_2^3 \right) \tag{4.32}$$

und

$$\varepsilon = 0,75$$
$$T_1 = 358\,\text{K}$$
$$T_2 = 298\,\text{K}$$

gilt:

$$\alpha_{\text{Strahlung}} = 6,05\ \frac{\text{W}}{\text{m}^2 \cdot \text{K}} \tag{4.33}$$

Die Berechnung von $\alpha_{\text{K, Deckel}}$ und $\alpha_{\text{K, Wand}}$ erfolgt getrennt, da im ersten Fall die charakteristische Länge l_{Deckel} sich aus dem Durchmesser des Prüfofens ergibt, während im zweiten Fall die Bauhöhe des Prüfofens als charakteristische Länge l_{Wand} betrachtet wird. Zur Ermittlung von $\alpha_{\text{K, Deckel}}$ und $\alpha_{\text{K, Wand}}$ müssen die Gleichungen (4.34) – (4.36) gelöst werden. Die Stoffwerte sind /42/ und /43/ entnommen.

$$\text{Gr} = \frac{g \cdot l_{\text{Wand}}^3 \cdot \beta \cdot \left(\vartheta_{r_s} - \vartheta_a \right)}{\nu_{\text{Luft}}^2} \tag{4.34}$$

$$\text{Gr} = \frac{9,81\dfrac{\text{m}}{\text{s}^2} \cdot \left(0,2\,\text{m} \right)^3 \cdot \dfrac{1}{298\,\text{K}} \cdot \left(80,5\,^\circ\text{C} - 25\,^\circ\text{C} \right)}{\left(18,5 \cdot 10^{-6}\,\dfrac{\text{m}^2}{\text{s}} \right)^2}$$

$$\text{Gr} = 42,70 \cdot 10^6 \tag{4.35}$$

$$\text{Ra} = \text{Gr} \cdot \text{Pr} \tag{4.36}$$
$$\text{Ra} = 2,94 \cdot 10^7 \tag{4.37}$$

Mit dem Ergebnis aus Gleichung (4.37) kann anhand von Nomogrammen (/42/)

$$\text{Nu} = 45 \tag{4.38}$$

ermittelt werden.

Mit

$$\alpha_{K, Wand} = \frac{Nu \cdot \lambda_{Luft}}{l_{Wand}}$$
(4.39)

errechnet sich der Wärmeübergangskoeffizient an der zylindrischen Außenwand zu

$$\alpha_{K, Wand} = 6,41 \frac{W}{m^2 \cdot K}$$
(4.40)

Die Berechnung von $\alpha_{K, Deckel}$ erfolgt analog, wobei

$$l_{Deckel} = 0,102 \, m$$
(4.41)

gilt. Mit

$$Nu = 15$$
(4.42)

ergibt sich daher

$$\alpha_{K, Deckel} = 4,19 \frac{W}{m^2 \cdot K}$$
(4.43)

Gleichungen (4.33), (4.40) und (4.43) in Gleichung (4.31) eingesetzt, ergibt mit

$$A_{Deckel} = \pi \cdot r_{Deckel}^2$$
(4.44)
$$A_{Deckel} = 8,17 \cdot 10^{-3} \, m^2$$
(4.45)

und

$$A_{Wand} = l_{Wand} \cdot 2\pi \cdot r_{Deckel}$$
(4.46)
$$A_{Wand} = 6,41 \cdot 10^{-2} \, m^2$$
(4.47)

$$\dot{Q}_{\text{Verlust}} = 58\,\text{W} \qquad (4.48)$$

Dies entspricht einer Verlustleistungsdichte $\dot{q}_{\text{Verlust}}$ an der Außenwand des Ofens von

$$\dot{q}_{\text{Verlust}} = \frac{\dot{Q}_{\text{Verlust}}}{A_{\text{Wand}} + 2 \cdot A_{\text{Deckel}}} \qquad (4.49)$$

$$\dot{q}_{\text{Verlust}} = 721\frac{\text{W}}{\text{m}^2} \qquad (4.50)$$

Da nach den Gleichungen (4.26) und (4.48) gilt:

$$\dot{Q}_{\text{Draht} \to \text{Ofen}} > \dot{Q}_{\text{Verlust}} \qquad (4.51)$$

ist gezeigt, daß unter den Annahmen, auf die sich die durchgeführten Berechnungen stützen, ein stationärer Betrieb des Prüfofens gewährleistet werden kann. Die Temperatur ϑ_{r_a} an der Außenwand des Prüfofens kann durch Reduzierung der Prüfraumtemperatur und durch Änderung der Isolierungsparameter verringert werden. Der Wert für die Wärmeleitfähigkeit λ des Isoliermaterials kann durch eine dichtere Stopfung der Mineralwolle im Ofen gesenkt werden. Die Zeitkonstante des Ofens wird hierdurch jedoch in gleichem Maße erhöht, was wegen der damit verbundenen längeren Abkühlphasen zu einer Verlängerung der Prüfdauer führt und daher keine erstrebenswerte Lösung darstellt.

4.2 Konstruktiver Aufbau des Prüfofens

Bild 4.6 zeigt zur Veranschaulichung der in diesem Abschnitt erläuterten konstruktiven Details eine Aufrißzeichnung des Prüfofens.

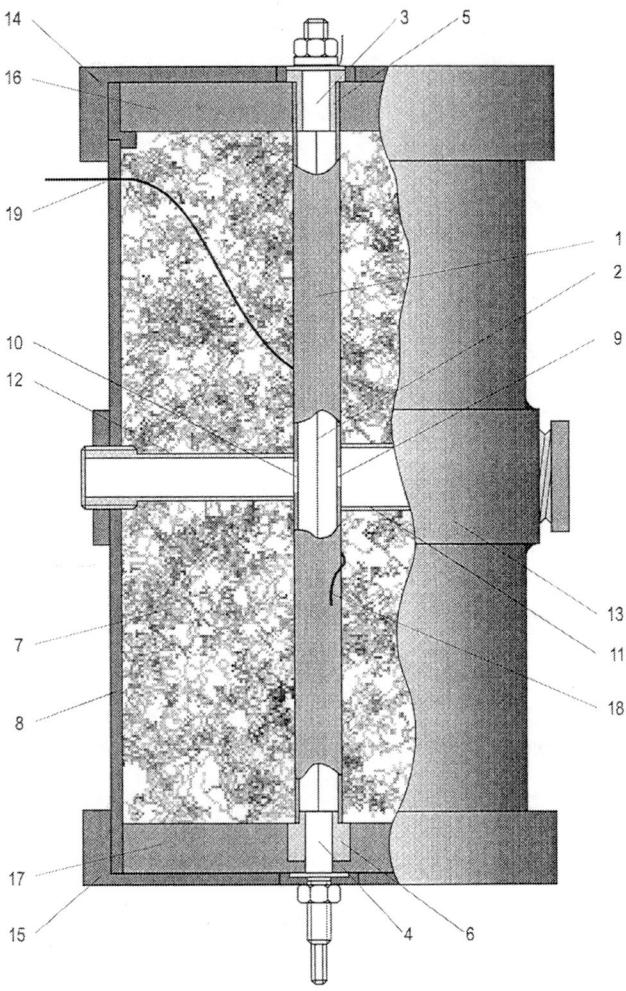

Bild 4.6: Aufrißzeichnung des Prüfofens

Das metallische Innenrohr (1) mit einer Länge von 200 mm, einem Innendurchmesser von 10 mm und einer Wanddicke von 1 mm ist ein hitzebeständiges, kaltgezogenes Edelstahlrohr (Werkstoffnummer 1.4878). Im Innenrohr ist der Prüfdraht (2) mittig eingebaut, wobei der Draht am oberen Ende ortsfest aufliegt, am unteren Ende dagegen vertikal frei beweglich ist, um die während der Prüfung auftretenden temperaturbedingten Längenänderungen ausschließlich in einer Richtung ausführen zu können. Wäre der Draht an beiden Enden ortsfest installiert, würde er bei einer Längenänderung eine seitliche Ausbeulung nach Bild 4.7 erfahren.

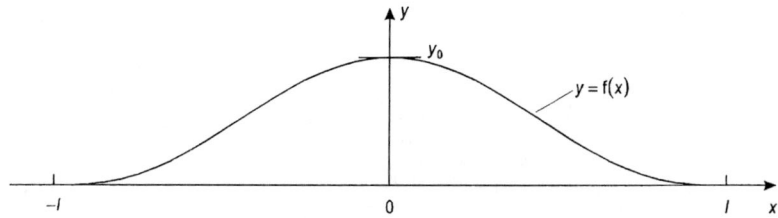

Bild 4.7: Ausbeulung eines zweiseitig ortsfest installierten Prüfdrahtes aufgrund temperaturbedingter Längenänderung

Die Form der Ausbeulung läßt sich durch eine Funktion 6. Grades beschreiben.

$$y = a_0 + a_1 x + a_2 x^2 + a_3 x^3 + a_4 x^4 + a_5 x^5 + a_6 x^6 \qquad (4.52)$$

Nach Bestimmung der Randbedingungen

$$y(0) = y_0, \qquad y'(0) = 0, \qquad y(l) = 0,$$
$$y'(l) = 0, \qquad y(-l) = 0, \qquad y'(-l) = 0 \qquad (4.53)$$

erhält man

$$y(x) = y_0 - 3 y_0 \cdot \frac{1}{l^2} x^2 + 3 y_0 \cdot \frac{1}{l^4} x^4 - y_0 \cdot \frac{1}{l^6} x^6 \qquad (4.54)$$

wobei mit y_0 der maximale Abstand des gebogenen Drahtes von seiner ursprünglichen Mittenlage bezeichnet wird. Bei einer typischen Längenänderung des Drahtes von 5 mm beim Übergang vom kalten in den heißen Zustand kann mit Hilfe der Beziehung für die Bogenlänge einer Kurve

$$l_{\text{heiß}} = \int_{-l}^{l} \sqrt{1 + \left[y'(x)\right]^2}\, dx \qquad (4.55)$$

und den Normierungen

$$\frac{l_{\text{heiß}}}{2 \cdot l} = \psi \qquad (4.56)$$

$$\frac{x}{l} = \xi \qquad (4.57)$$

$$\frac{y_0}{l} = \eta \qquad (4.58)$$

die folgende Abschätzung für y_0 getroffen werden:

$$\psi = \int_0^1 \sqrt{1 + 36\eta^2 \xi^2 \cdot \left(\xi^2 - 1\right)^4}\, d\xi \qquad (4.59)$$

Die numerische Integration von Gleichung (4.59) ergibt

$$\eta = 0,225 \qquad (4.60)$$

und somit

$$y_0 = 22,5\ \text{mm} \qquad (4.61)$$

Das Ergebnis von Gleichung (4.61) verdeutlicht, daß eine freie Führung des Drahtes am unteren Ende des Prüfofens notwendig ist, wenn trotz der temperaturbedingten Längenänderung des Drahtes keine Störungen bei der pyrometrischen Temperaturmessung auftreten sollen.

Die elektrische Kontaktierung des Drahtes erfolgt über die Schraubklemmen (3) und (4). Die Zuführung des Drahtes wird wie in Bild 4.8 zu erkennen ist über eine diagonal zur Klemmenachse laufende Bohrung realisiert. Die Austrittsöffnungen der Bohrung liegen zum einen in der Mitte der ofeninnenseitigen Stirnflächen, zum anderen an der ofenaußenseitigen mit einem Außengewinde versehenen Mantelfläche der Klemme. Die Befestigung des Prüfdrahtes an den beiden Anschlußklemmen erfolgt durch das Anziehen der jeweiligen Schraubverbindung. Das selbständige Lösen der Schraubverbindung wird durch eine Fächerscheibe verhindert. Das Prinzip der diagonalen Drahtführung innerhalb der Klemme gewährleistet sowohl eine knickfreie elektrische Kontaktierung des Drahtes als auch eine fertigungstechnisch unkritisch realisierbare Lösung.

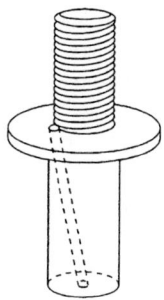

Bild 4.8: Prinzipskizze der Anschlußklemmen für die elektrische Kontaktierung

Zur Vermeidung eines elektrischen Kurzschlusses zwischen den beiden Anschlußklemmen durch das metallische Innenrohr, werden die Klemmen durch paßgenaue Hülsen (5) und (6) gegen das Innenrohr elektrisch isoliert. Da die Prüfraumtemperatur im Ofen die Anwendungsgrenztemperatur von Kunststoffen deutlich überschreiten kann, wird als Fertigungsmaterial für die Hülsen die technische Keramik MACOR gewählt. Der Vorteil dieses Materials liegt in der Verbindung der elektrischen Isoliercharakteristik und thermischen Belastbarkeit von Keramik mit einer für keramische Produkte außerordentlich guten maschinellen mechanischen Bearbeitbarkeit mit konventionellen Metallbearbeitungsgeräten.

Die thermische Isolierung (7) des Innenrohres erfolgt mit einer 50 mm dicken Schicht des Mineralwolleproduktes CERAFIBER. Die Mineralwolle wird mit einer Dichte von etwa 100 kg / m^3 zwischen Innenrohr und metallischem Außenmantel (8) eingebracht.

Am Innenrohr befinden sich zwei gegenüberliegende Bohrungen (9) und (10), die zur pyrometrischen Temperaturmessung des Prüfdrahtes benötigt werden. Zwei ebenfalls aus MACOR gefertigte Keramikrohre (11) und (12) sorgen dafür, daß dieser "Kanal" der optischen Temperaturmessung nicht durch Isoliermaterial verdeckt wird. Die Keramikrohre sind mit einem Außengewinde versehen und in einen aufgeschweißten Gewindering (13) des metallischen Außenmantels eingeschraubt. Die Ober- und Unterseite des zylindrischen Außenmantels sind ebenfalls mit angeschweißten Gewinderingen versehen, womit Deckel (14) und Boden (15) angeschraubt werden können. Das Anschweißen der Gewinderinge am Außenmantel ist nötig, da für den Außenmantel aus Gewichtsgründen nur eine Wandstärke von 2 mm gewählt wird.

Boden und Deckel werden durch zwei vakuumformgepreßte Platten (16) und (17) aus GOSLERAL 750HT thermisch isoliert. Diese beiden Isolierscheiben übernehmen auch die Funktion der mittigen Führung des Innenrohres. Der schraubbare Boden und die darüber befindliche Isolierscheibe dienen weiter dazu, beim Zusammenbau des Prüfofens die exakte Positionierung der Innenwandbohrungen auf die Höhe der optischen Achse des Pyrometers durchzuführen.

Die Temperatur des Innenrohres wird mit einem NiCr–Ni Miniatur–Mantelthermoelement (18) von 1 mm Durchmesser erfaßt. Die Spitze des Thermoelementes ist in einer unter einem Winkel von 45° laufenden Bohrung in der Wand des Innenrohres eingeklemmt. Über eine Bohrung (19) in der Wand des Außenmantels wird das Thermoelement aus dem Ofen herausgeführt und zur Signalverarbeitung an eine mit dem Rechner verbundene Ausgleichsleitung angeschlossen.

Bei der Wahl der Fertigungsmaße der einzelnen Komponenten des Prüfofens sind die im Betrieb auftretenden Temperaturwechsel berücksichtigt. Bei allen Toleranzen handelt es sich um Spielpassungen, damit ein Auftreten temperaturbedingter mechanischer Spannungen zwischen einzelnen Komponenten vermieden werden kann. Insbesondere der Einsatz keramischer Komponenten macht diese Vorgabe unverzichtbar. Um im Falle von Beschädigungen oder Defekten einen modulweisen Austausch vornehmen zu können, sieht die Konzeption des Prüfofens ausnahmslos lösbare Verbindungen vor.

Um Längenänderungen des Prüfdrahtes aufgrund des Eigengewichts der unteren Anschlußklemme zu vermeiden, ist der Prüfofen mit einer Ausgleichsmechanik nach Bild 4.9 ausgestattet. Die nach dem Hebelgesetz arbeitende, an der unteren Anschlußklemme montierte Mechanik kompensiert über ein Ausgleichsgewicht die am Prüfdraht angreifende Gewichtskraft, die sich aus dem Gewicht der Anschlußklemme, der Kupferlitze und der Ausgleichsmechanik selbst zusammensetzt. Mit dem Ausgleichsgewicht kann eine am Prüfdraht resultierende Gewichtskraft von $-0,2$ N bis $+0,34$ N eingestellt werden. Die Positionierung des Ausgleichsgewichtes entlang der Hebelachse erfolgt über ein Gewinde. Die Einstellgenauigkeit beträgt etwa $0,15$ mm in Richtung der Hebelachse, was einer Genauigkeit der Einstellung der Gewichtskraft von $1,375 \cdot 10^{-3}$ N entspricht.

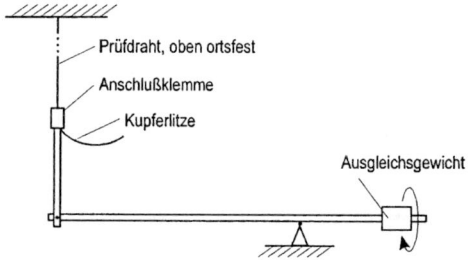

Bild 4.9: Prinzip der Ausgleichsmechanik des Prüfofens

4.3 Optische Temperaturmessung

Die berührungslose Bestimmung der Drahttemperatur durch Ermittlung der ausgesandten Strahlung mit einem Pyrometer ist aus zwei Gründen erforderlich. Einerseits liegt die Prüftemperatur des Drahtes oberhalb der Einsatztemperatur von Miniatur–Mantelthermoelementen, andererseits würde der Einsatz gekühlter Thermoelemente aufgrund der geringen Wärmekapazität des Drahtes eine lokale Abkühlung des Meßobjektes bewirken. Dies würde unweigerlich zu Meßfehlern bei der Ermittlung der Drahttemperatur führen.

Bei den bisherigen Prüfverfahren nach Kapitel 2 werden Glühfadenpyrometer zur Bestimmung der Drahttemperatur verwendet. Hierbei wird die Farbe eines geeichten Glühfadens im Pyrometer durch Variation des Heizstromes mit der Farbe des Prüfdrahtes zur Übereinstimmung gebracht. Der Abgleich erfolgt durch das menschliche Auge. Die Genauigkeit dieses Verfahrens liegt bei einer Objekttemperatur von 1200 °C bei etwa 1 K. Anhand des kalibrierten Heizstrom–Wertes kann die Temperatur des Prüfdrahtes ermittelt werden, sofern der Emissionsgrad ε des Drahtes bekannt ist.

Der Einsatz eines Glühfadenpyrometers kommt aus folgenden Gründen für eine automatische Heizleiterprüfanlage nicht in Betracht:

Der Emissionsgrad ε des Prüfdrahtes variiert mit dem Oberflächenzustand des Drahtes. Ein neuer Prüfdraht mit einer blanken, mattglänzenden Oberfläche hat einen Emissionsgrad

$$\varepsilon_{neu} \leq 0,5 \qquad (4.62)$$

während für einen vollständig oxidierten Draht

$$0,7 \leq \varepsilon_{ox} \leq 0,8 \qquad (4.63)$$

gilt. Der jeweils gültige Wert für ε müßte durch Bedienpersonal regelmäßig eingestellt werden.

Die Ermittlung der Drahttemperatur durch den farblichen Abgleich des Meßobjektes mit einem Referenzobjekt erfordert ebenso den permanenten Einsatz von Personal, was dem Prinzip einer Automatisierung zuwider läuft.

Die Forderung nach permanenter und unabhängiger Meßwerterfassung kann durch den Einsatz eines Quotientenpyrometers erfüllt werden. Hierbei wird die Temperatur eines Meßobjektes aus dem Verhältnis der Signale bei zwei benachbarten Wellenlängen oder Wellenlängenbereichen und nicht aufgrund einer Messung der absoluten Strahlungsintensität ermittelt. Die Messung bleibt durch Zwischenmedien wie Staub, Rauch und Dampf ebenso wie durch Emissionsgradvariationen unbeeinflußt, solange diese Erscheinungen gleichmäßig bei beiden zur Messung herangezogenen Wellenlängenbereichen auftreten.

Die in dem verwendeten Quotientenpyrometer IRCON MODLINE R arbeitenden Siliziumdetektoren messen zum einen im Wellenlängenbereich

$$0,7 \ \mu m \leq \lambda_1 < 1,05 \ \mu m \qquad (4.64)$$

wobei die Schwerpunkt–Wellenlänge bei

$$\lambda_1 = 0,95 \ \mu m \qquad (4.65)$$

liegt und zum anderen schmalbandig im Bereich um

$$\lambda_2 = 1,05 \ \mu m \qquad (4.66)$$

Proportional zur aufgenommenen Strahlung im jeweiligen Spektralbereich liefern die Detektoren zwei unabhängige Signale, deren Quotient unter der Annahme, daß

$$\varepsilon(\lambda_1) = \varepsilon(\lambda_2) \qquad (4.67)$$

gilt, unabhängig von der absoluten, im Meßfeld des Pyrometers detektierten Strahlungsintensität ist. Das kreisförmige Meßfeld des verwendeten Meßkopfes hat einen Durchmesser

$$d_{\text{Meßfeld}} = 2,3 \,\text{mm} \qquad (4.68)$$

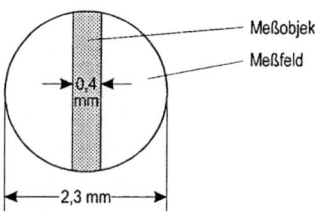

Bild 4.10: Prüfdraht im Meßfeld des Quotientenpyrometers

Wie aus Bild 4.10 zu ersehen ist, füllt das Meßobjekt "Draht" nach Gleichung (4.1) mit einem Durchmesser von 0,4 mm nur einen geringen Teil des Meßfeldes des Quotientenpyrometers aus. Der vom Meßobjekt ausgefüllte Flächenanteil des Meßfeldes beträgt nach Gleichung (4.69)

$$\frac{A_2}{A_1} = \frac{d_{\text{Meßfeld}} \cdot d_{\text{Draht}}}{\pi \cdot \left(\dfrac{d_{\text{Meßfeld}}}{2}\right)^2}$$

$$\frac{A_2}{A_1} = 0,22 \qquad (4.69)$$

etwa 20 %, womit eine ausreichende Strahlungsintensität für ein fehlerfrei detektierbares Meßsignal gewährleistet werden kann.

Aufgrund der geringen Abmessungen des Meßobjektes wird jedoch zur Vermeidung von möglichen Meßfehlern durch die im Hintergrund strahlende Ofenwand seitens des Geräteherstellers empfohlen, die Umgebungstemperatur im Prüfofen nicht höher als 450 °C zu wählen. Die Lebensdauerprüfungen werden daher bei einer maximalen Prüfraumtemperatur von 450 °C durchgeführt. Als zusätzliche Maßnahme gegen Meßfehler aufgrund von nicht vernachlässigbarer Hintergrundstrahlung befindet sich im Innenrohr des Prüfofens zusätzlich zu dem eigentlichen Schauloch für das Pyrometer auf der dem Schauloch entgegengesetzten Seite des Innenrohres eine zweite Bohrung, hinter welcher sich ein zur Ofenaußenwand gerichtetes, außenseitig geschlossenes Keramikrohr befindet. Das äußere Ende des Keramikrohres befindet sich etwa auf dem gleichen Temperaturniveau wie die Ofenaußenwand und stellt damit im Vergleich zum Meßobjekt "Draht" einen kalten Hintergrund dar.

Zur Vermeidung von lokalen Abkühlungen des Meßobjektes durch vorbeiströmende Kaltluft ist das Schaurohr ofenaußenseitig mit einer 2 mm dicken Glasscheibe verschlossen. Damit die vom Meßobjekt ausgesandte Infrarotstrahlung im Bereich der Meßwellenlängen durch die Glasscheibe nicht gedämpft wird, darf kein gewöhnliches Fensterglas eingesetzt werden. Bei dem verwendeten Quarzglas HERASIL handelt es sich um ein Spezialglas, das wegen seiner geringen Dämpfungseigenschaften im unteren Infrarotbereich ($0,75 \ \mu m \leq \lambda \leq 1,5 \ \mu m$) als Auskoppelfenster für CO_2–Laser entwickelt wurde.

Das vom Meßkopf des Pyrometers detektierte Strahlungssignal wird elektronisch in ein temperaturproportionales Gleichspannungssignal umgewandelt. Der Meßbereich des verwendeten Quotientenpyrometers reicht von 700–1400 °C, was in ein lineares temperaturproportionales Spannungssignal von 0–100 mV umgesetzt wird und kontinuierlich am Verstärkerteil des Pyrometers anliegt. Dieses Spannungssignal wird zur Automatisierung der Lebensdauerprüfung in den Rechner eingelesen.

4.4 Leistungsversorgung

Die Leistungsversorgung jedes einzelnen Prüfofens erfolgt mit einem separaten Schaltnetzteil. Die Funktionsweise eines Schaltnetzteiles unterscheidet sich grundlegend von der eines Stelltransformators, wie er in zahlreichen bestehenden Prüfverfahren Anwendung findet. Bild 4.11 zeigt ein vereinfachtes Schaltbild für einen Transformator mit veränderlichem Übersetzungsverhältnis $\ddot{u}$.

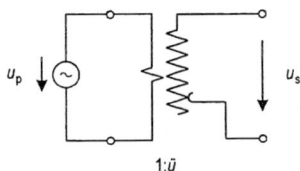

1:$\ddot{u}$

Bild 4.11: Vereinfachtes Schaltbild für einen Stelltransformator

Die primärseitige Wechselspannung wird dabei durch variable Anzapfmöglichkeiten der sekundärseitigen Wicklung des Transformators auf den gewünschten Wert eingestellt. Die schnellen Schaltvorgänge, die das neue Lebensdauer–Prüfverfahren vorsieht, sind mit einer derartigen Energieversorgung ebensowenig zu realisieren wie die Steuerung der Leistungsversorgung mit einem Rechner.

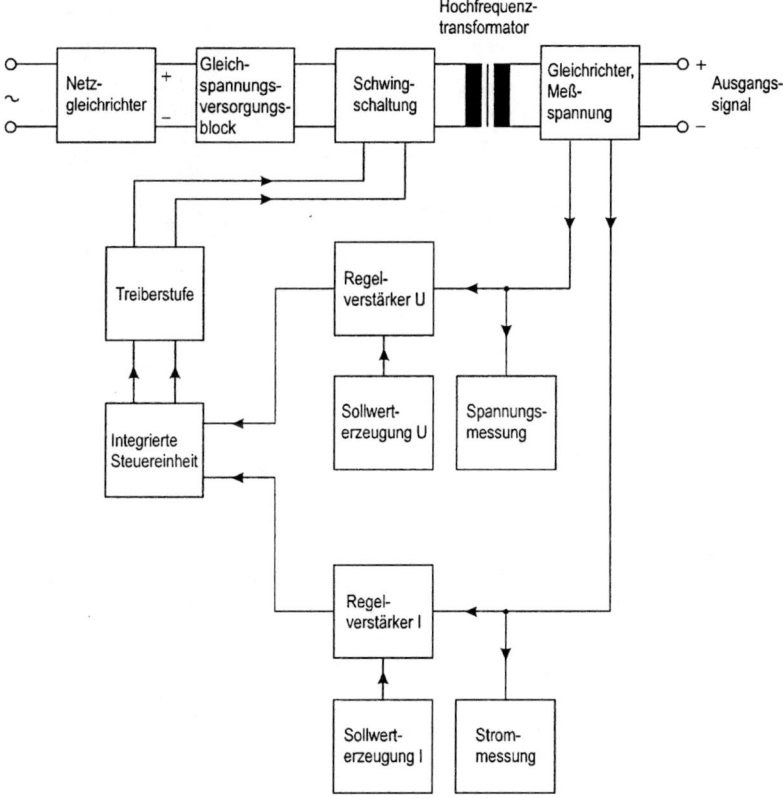

Bild 4.12: Funktionsschaltbild eines Schaltnetzteiles

Bild 4.12 zeigt das Funktionsschaltbild eines strom- und spannungsregelbaren Schaltnetzteiles. Die Netzspannung wird gleichgerichtet, stabilisiert und durch eine Schwingschaltung in eine hochfrequente 100 kHz–Rechteckspannung zerhackt, welche anschließend auf den gewünschten Wert der Ausgangsspannung transformiert wird. Die Höhe des Ausgangssignals hängt dabei nicht von der Amplitude des primärseitigen Rechteckimpulses ab, sondern von dessen Breite. Die Impulsbreitenmodulation erfolgt durch eine integrierte Steuereinheit, in welcher die Signale der beiden Regelverstärker für Spannung und Strom verarbeitet werden. Dieses Wirkungsprinzip zeichnet sich durch zahlreiche Vorteile aus.

Durch die Verwendung eines Hochfrequenztransformators werden nach /44/ im Vergleich zu Netztransformatoren die Baugröße, die Windungszahl und somit die Verluste des Transformators reduziert. Dies erklärt sich aus der Tatsache, daß die in einem Tranformator induzierte Spannung U_{ind} nach dem Induktionsgesetz von der Windungszahl w, der zeitlichen Änderung der magnetischen Induktion B und der Querschnittsfläche des den Spulenkörper durchsetzenden Kerns A_e abhängt.

$$U_{ind} = w \cdot A_e \cdot \dot{B} \tag{4.70}$$

Für die Primärwindungszahl w_1 folgt aus Gleichung (4.70)

$$w_1 = \frac{U_1}{A_e \cdot \dot{B}} = \frac{U_1}{A_e} \cdot \frac{\Delta t}{\Delta B} \tag{4.71}$$

Mit

$$\Delta B = \hat{B} \tag{4.72}$$

als zulässiger Scheitelwert der magnetischen Induktion und dem Maximalwert für

$$\Delta t = t_{ein,\,max} = \frac{1}{2} f \tag{4.73}$$

folgt für die minimale primärseitige Windungszahl

$$w_1 = \frac{U_1}{2 \cdot A_e \cdot \hat{B} \cdot f} \tag{4.74}$$

Die erforderliche Windungszahl ist umgekehrt proportional zur Frequenz. Die Leistung, die sich über einen HF–Transformator übertragen läßt, ist damit deutlich höher als bei einem Netztransformator. Der Umkehrschluß lautet, daß bei gegebener Leistung ein HF–Transformator wesentlich geringere geometrische Ausmaße hat als ein 50 Hz–Transformator. Aufgrund der geringeren Windungszahl kann ein kleinerer Spulenkörper verwendet werden, wodurch die Kupfer- und Magnetisierungsverluste deutlich reduziert werden. Ein Schaltnetzteil ist im Vergleich zu 50 Hz–Netzgeräten kompakter, hat einen höheren Wirkungsgrad und eine geringere Wärmeabgabe an die Umgebung.

Durch die getrennten Einheiten "Sollwerterzeugung U" und "Sollwerterzeugung I" werden den jeweiligen Regelverstärkern die Sollwerte in Form eines Spannungssignals zugeführt. Damit ist jede Sollwertvorgabe möglich, mit der sich technisch eine variable Steuerspannung erzeugen läßt. An den verwendeten Geräten KIKUSUI PAK 20–18A kann dies durch konventionelle Potentiometereinstellung am Gerät selbst geschehen, durch eine Steuerspannung von 0–10 V oder einen Steuerstrom von 0–20 mA. Die Geräte können damit direkt vom PC gesteuert werden und sind aufgrund des rein elektronischen Schaltprinzips in der Lage, innerhalb von 1–2 ms die am Prüfdraht anliegende Betriebsspannung umzuschalten. Die Schaltzeit eines elektromechanischen Relais liegt im Vergleich hierzu bei etwa 25 ms. Die Vermeidung elektromechanischer Komponenten innerhalb des Schaltnetzteiles gewährleistet neben einer höheren Arbeitsfrequenz auch einen ermüdungsfreien Betrieb bei den häufigen Schaltvorgängen während der Lebensdauerprüfung der Heizleiterdrähte.

Der Abgriff von Meßspannungen zur Ermittlung der Regelabweichung von Spannung und Strom im "Regelverstärker U" und "Regelverstärker I " ermöglicht die Ausgabe von Monitorspannungen, die in den PC eingelesen werden können. Damit liegt eine kontinuierliche Information über die Istwerte der Größen Spannung und Strom vor, wodurch die Regelung der Energieversorgung der Prüfanlage durch den PC ermöglicht wird.

4.5 Rechner- und Peripheriekonfiguration

4.5.1 Meßkopfpositionierung

Der Meßkopf des Pyrometers wird nach einem vorgegebenen Zeittakt zyklisch zwischen den vier Prüföfen weiterbewegt. Der Meßkopf ist hierzu auf einer Doppelspurvorschubeinheit befestigt und wird wie auf einer Schiene parallel zu den vier Prüföfen verfahren. Aufgrund des spielfreien Vortriebes der Doppelspureinheit und der Verwendung eines bipolar arbeitenden Schrittmotors kann eine Positioniergenauigkeit von +/- 10 µm erreicht werden. Nach Bild 4.13 erzeugt jedes Steuersignal einen Schritt mit einem definierten Drehwinkel. Die Drehbewegung des Schrittmotors wird über den Kugelgewindetrieb der Doppelspurvorschubeinheit in eine horizontale Bewegung umgewandelt. Da jeder Einzelschritt des Schrittmotors vom Rechner als Befehl an die nachgeschaltete

Treiberstufe gegeben werden muß, ist eine softwaremäßige Einbindung der Meßkopfpositionierung in den automatischen Ablauf der Heizleiterprüfung möglich.

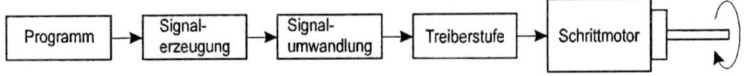

Bild 4.13: Prinzipieller Aufbau einer Schrittmotoransteuerung

4.5.2 Rechnerkonfiguration

Bei dem in der automatischen Heizleiterprüfanlage eingesetzten Rechner handelt es sich
um einen Personal Computer TANDON 286/12 mit einer Taktfrequenz von 12 MHz und
einem Prozessor vom Typ 80286. Da der Rechner im online–Betrieb mit der Prüfanlage
verbunden ist, und die arithmetischen Operationen im Rechner wesentlich schneller ab-
laufen als die wärmetechnischen Vorgänge innerhalb der Prüföfen, ist bei der Auswahl
des Rechners vorrangig die Zuverlässigkeit im Dauerbetrieb und weniger eine höhere
Datenverarbeitungsgeschwindigkeit im Prozessor bewertet worden.

Die Dokumentation der Prüfergebnisse erfolgt während der Prüfung auf dem Bildschirm
des Rechners und auf Festplattendateien. Nach Beendigung der Prüfung kann die Dokumentation auf Disketten und Papier erstellt werden.

Die Kommunikation des Rechners mit der Peripherie der Prüfanlage ist unterschiedlich:

- Schrittmotorsteuerung   : serielle RS 232 Schnittstelle
- Thermoelemente   : A/D–Wandlerkarte (System-Bus), +/–5 mV–Eingang
- Monitorsignale
  der Schaltnetzteile   : A/D–Wandlerkarte (System-Bus), 0–1 V–Eingang
- Steuersignale für die Betriebs-
  spannung der Schaltnetzteile : D/A–Wandlerkarte (System–Bus), +/–10 V–Ausgang
- Meßspannung der
  Pyrometeranzeige   : A/D–Wandlerkarte (System-Bus), 0–100 mV–Eingang

An den mit Wandlerkarten des Burr–Brown PCI 20000–Systems ausgestatteten Rechner
können maximal 7 Prüföfen angeschlossen werden. Bei einer Erweiterung der Prüfanlage
auf mehr als 7 Prüföfen werden zusätzliche Wandlerkarten erforderlich, was auch einen
Ausbau der Steckplatzkapazität des verwendeten Rechnersystems zur Folge hätte.

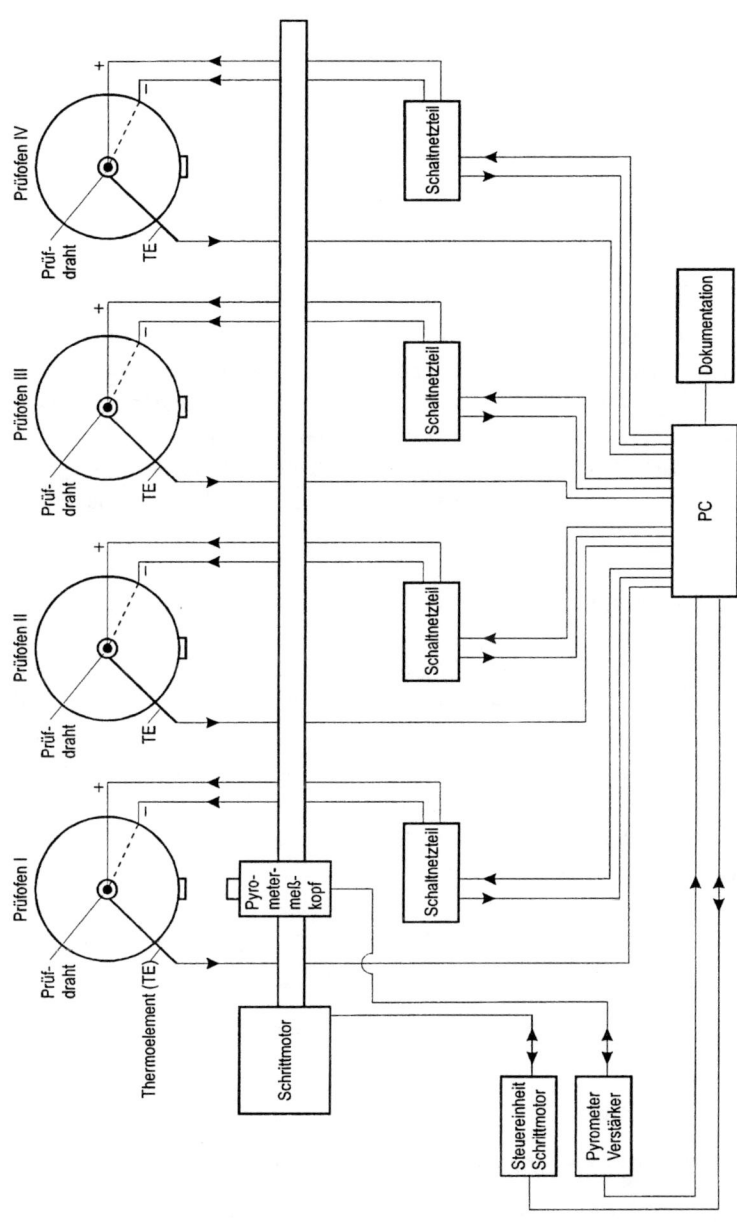

Bild 4.14: Funktionsschema der Prüfanlage

5 Betrieb der Prüfanlage

Im vorangegangenen Kapitel wurde gezeigt, daß die exakte Führung der unteren Anschlußklemme eine zentrale Bedingung für den fehlerfreien Ablauf der Heizleiter–Lebensdauerprüfung darstellt. Die Reibungskräfte, die zwischen der unteren Anschlußklemme und der keramischen Isolierhülse beim Ausdehnen des Prüfdrahtes auftreten, müssen so gering sein, daß die axiale Ausdehnung des Drahtes nicht behindert wird und somit kein seitliches Ausbeulen des Prüfdrahtes während der Ausdehnung erfolgt. Die Proben- und Prüfungsvorbereitung ist daher mit besonderer Sorgfalt durchzuführen.

5.1 Proben- und Prüfungsvorbereitung

Die Proben des zu untersuchenden Heizleitermaterials werden direkt von Drahtrollen des Herstellers entnommen. Fertigungsbedingt weist der Prüfdraht unmittelbar nach seiner Entnahme von der Rolle eine starke Krümmung auf. Da diese Krümmung im Regelfall knickfrei verläuft, kann der Draht unter Wahrung der dabei notwendigen Behutsamkeit manuell in eine gerade Form zurückgebogen werden. Die nach dem Rückbiegevorgang verbleibende Restkrümmung wird nach Bild 5.1 mit δ als Abweichung der Drahtkontur vom Idealverlauf beschrieben.

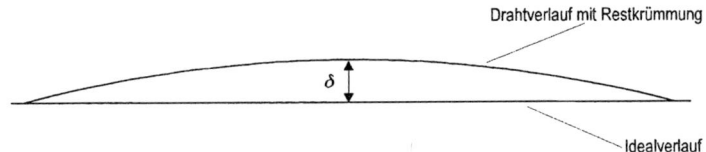

Bild 5.1: Restkrümmung der Drahtprobe nach dem Rückbiegevorgang

Die Drahtprobe hat eine Länge von 0,4 m. Die maximale Abweichung, die sich im Prüfungsbetrieb als tolerierbar erwiesen hat, liegt bei

$$\delta_{max} = 1\,mm \qquad (5.1)$$

wobei in der Regel dieser Grenzwert deutlich unterschritten wird.

Während des Rückbiegevorgangs tritt durch Berührung eine Verunreinigung des Prüf-drahtes auf. Um eine hieraus resultierende Beeinflussung der Prüfergebnisse zu vermei-den, wird die Drahtprobe vor dem Einbau in den Prüfofen mit einem Lösungsmittel ge-reinigt. Der im Prüfofen befindliche Teil der Drahtprobe darf nach der Reinigung nicht mehr berührt werden.

Neben einer sorgfältigen Probenvorbereitung ist für den störungsfreien Ablauf der Prü-fung zusätzlich die einwandfreie Funktionstüchtigkeit der Anschlußklemmen von Bedeu-tung. Wie beschrieben wird die Drahtprobe mit einer Schraubverbindung an den beiden Anschlußklemmen elektrisch kontaktiert. Die daran beteiligten Kontaktflächen sind bei jedem Chargenwechsel auf Sauberkeit zu überprüfen, insbesondere im Hinblick auf oxi-dierte und damit rauhe und elektrisch schlecht leitende Oberflächen. Bei der unteren An-schlußklemme muß diese Überprüfung auf die ofeninnenseitige konische Mantelfläche angewandt werden. Durch Ablagerungen von abgeplatzten Oxidschichtpartikeln an der Mantelfläche können erhöhte Reibungskräfte während der Ausdehnung des Drahtes auf-treten. Gegebenenfalls ist eine schleiftechnische Säuberung oxidierter oder mit Oxidpar-tikeln verunreinigter Anschlußklemmen durchzuführen.

Die elektrische Kontaktierung ist als selbstsichernde Schraubverbindung ausgeführt. Hierzu wird eine Fächerscheibe zwischen Unterlegscheibe und Mutter eingebracht. Die Spannkraft dieser Sicherungseinrichtung reduziert sich mit jedem Chargenwechsel, so daß zur Vermeidung von Problemen bei der elektrischen Kontaktierung ein Austausch der Fächerscheibe nach 5 Chargenwechseln empfohlen wird.

Die Prüfungsvorbereitungen werden mit dem Einbau der Drahtprobe in den Prüfofen ab-geschlossen. Der Prüfofen befindet sich an einer Aufhängung etwa 0,4 m oberhalb des Prüftisches. Damit kann eine biegungsfreie Einführung des Prüfdrahtes von der Unter-seite des Prüfofens her gewährleistet werden. Der Prüfdraht wird durch den Ofen nach oben geschoben bis die bereits montierte untere Anschlußklemme an der Unterseite des Ofens anliegt. Bevor die obere Anschlußklemme den Prüfdraht im Ofen fixiert, erfolgt eine typenabhängige Einstellung der am Prüfdraht resultierenden Zugkraft durch das Ge-gengewicht der Ausgleichsmechanik. Die Einstellung orientiert sich an den Angaben des Heizleiterherstellers hinsichtlich der mechanischen Belastbarkeit des Drahtes bei hohen Temperaturen. Die Zugkraft wird so eingestellt, daß der Wert der am Draht anliegenden

Zugspannung unterhalb der 1%–Zeitdehnungrenze der zu untersuchenden Legierung bei der gewählten Prüftemperatur liegt. Zum Beispiel beträgt für den austenitischen Heizleiter NiCr8020 bei einer Prüftemperatur von 1200 °C die einzustellende Zugkraft am Draht 0,1 N.

5.2 Durchführung der Lebensdauerprüfung mit dem Prüfprogramm ALPH

Die rechnergestützte Lebensdauerprüfanlage wird nach der manuellen Vorbereitung der Drahtproben und deren Einbau in die Prüföfen durch den Aufruf des Prüfprogrammes ALPH (Automatische Lebensdauer–Prüfung von Heizleiterdrähten) gestartet. Das Prüfprogramm ist in mehrere Abschnitte unterteilt.

5.2.1 Einstellung der Prüfparameter

Im ersten Schritt werden die Angaben über die Prüftemperatur der Drähte $\vartheta_{Draht, Prüf}[i]$ und die maximale Prüfraumtemperatur der Öfen $\vartheta_{Ofen, max}[i]$ angefordert. Die beiden Prüfparameter können dabei für jeden Ofen getrennt und unabhängig voneinander eingegeben werden. Für den Prüfungsbetrieb bietet diese Option zwei Vorteile.

• Unterschiedliche Heizleiterlegierungen mit typenspezifischen Prüfparametern können unabhängig voneinander zeitgleich untersucht werden.

• Das Lebensdauerverhalten von Heizleiterlegierungen kann nicht nur in Abhängigkeit von der Einsatztemperatur des Drahtes ermittelt werden, sondern auch von der Temperatur des den Heizleiter umgebenden Raumes, was im Hinblick auf die Praxisrelevanz der Prüfergebnisse von besonderem Interesse ist.

$\vartheta_{Ofen, min}$ stellt als dritter Prüfparameter nach Bild 3.6 die untere Grenze des Temperaturintervalles dar, bis zu welcher sich das Ofeninnenrohr und der Prüfdraht abkühlen dürfen. $\vartheta_{Ofen, min}$ ist in ALPH definiert als

$$\vartheta_{Ofen, min} = \vartheta_{Ofen, max} - 20\,K \qquad (5.2)$$

und erfüllt damit die Bedingungen nach Abschnitt 3.2.1.

5.2.2 Ermittlung der Betriebsparameter

Unter Betriebsparameter werden im folgenden die Strom- und Spannungswerte zusammengefaßt, die zum Erreichen der Prüftemperatur des Drahtes sowie der Prüfraumtemperatur benötigt werden. Um die Parameter "Heizstrom" und "Betriebsspannung" unter den selben Prüfraumbedingungen zu ermitteln, denen die Heizleiterprobe während der Prüfung ausgesetzt ist, wird der Prüfofen vor der Ermittlung der Betriebsparameter auf die angegebene Prüfraumtemperatur aufgeheizt. Eine Beschädigung oder Zerstörung des Heizleiterdrahtes während dieser Prüfungsvorphase kann ausgeschlossen werden, wenn der Heizstrom auf den empirisch ermittelten Wert von 6 A begrenzt wird.

Der Aufheizvorgang selbst wird durch ALPH geregelt, wobei dieser Programmteil die Charakteristik eines PI–Reglers aufweist. Der Aufheizvorgang wird erst nach 60 min beendet, obwohl nach Bild 5.2 die Prüfraumtemperatur bereits nach 25 min erreicht ist.

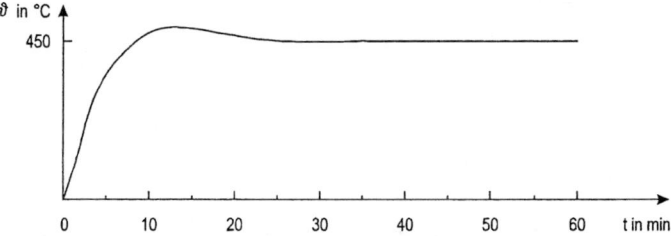

Bild 5.2: Aufheizverhalten des Prüfofens in der Prüfungsvorphase

Der Grund für die lange Aufheizdauer ist die während dieser Phase stattfindende Änderung der Oberflächeneigenschaft des Heizleiterdrahtes. Nach dem Einbau ist die Oberfläche des Prüfdrahtes blank und glänzend. Die Absorptions- und Reflexionseigenschaften des Drahtes unterscheiden sich somit deutlich von denen eines vollständig oxidierten Drahtes. Innerhalb der Aufheizphase findet eine erste Oxidation des Prüfdrahtes statt. Nach 60 min ist der Prüfdraht vollständig mit einer Oxidschicht überzogen und die Strahlungseigenschaften des Drahtes können nach Bild 5.3 als nahezu konstant bezeichnet werden.

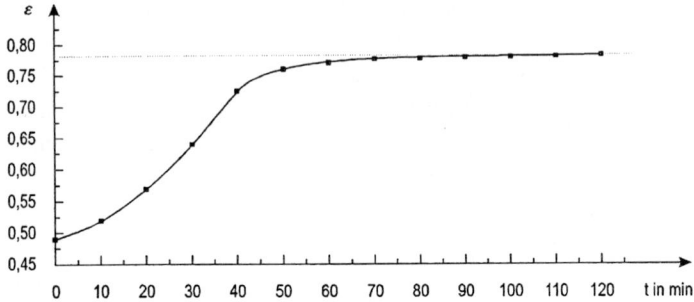

Bild 5.3: Verlauf des Emissionsgrades während der ersten Oxidationsphase des
Heizleiters NiCr8020

Der in Bild 5.3 dargestellte Verlauf des Emissionsgrades ε beruht auf Vergleichsmessungen, die an der Prüfanlage durchgeführt wurden. In zwei Prüföfen werden Drahtproben des gleichen Heizleitertyps NiCr8020 eingebaut. Die Widerstandswerte der beiden Drahtproben weisen einen Unterschied von kleiner als 1% auf. Unter der Annahme, daß

• bei konstanter Leistungsregelung zwei identische Drahtproben gleiche Temperaturwerte aufweisen und

• die von einem Quotientenpyrometer angegebene Temperatur unabhängig vom Emissionsgrad des Drahtes als Referenzsignal verwendet werden kann,

werden im zeitlichen Abstand von 10 min die Temperaturanzeigen des Quotientenpyrometers und eines Intenstitätspyrometers zur Übereinstimmung gebracht. Zum Abgleich wird die ε−Einstellung des Intensitätspyrometers manuell nachgeführt und die auf diese Weise ermittelten ε−Werte am Intensitätspyrometer abgelesen.

Nach Ablauf der 60−minütigen Aufheizphase beginnt die Ermittlung der Betriebsparameter. In dieser "Kalibrierphase" wird die am Prüfdraht anliegende Betriebsspannung in 10 mV−Schritten erhöht und nach jedem Schritt die sich einstellende Drahttemperatur gemessen. Diese Prozedur wird wiederholt bis die gemessene Temperatur den Sollwert der Prüftemperatur erreicht hat. Die mit dieser Drahttemperatur korrelierenden Strom- und Spannungswerte werden gespeichert. Zur Minimierung von Meßungenauigkeiten wird die Ermittlung der Betriebsparameter in 10 aufeinanderfolgenden Kalibrierzyklen wiederholt. Die daraus errechneten Mittelwerte für Strom und Spannung dienen dann als Startwerte dieser Betriebsgrößen für die nachfolgende Prüfphase.

5.2.3 Referenzprüfung

Innerhalb der Prüfphase müssen grundsätzlich zwei Betriebsarten unterschieden werden. Während der Referenzprüfung erfolgt eine kontinuierliche Messung der Drahttemperatur durch das Quotientenpyrometer. Aufgrund der zyklischen Versetzung des Meßkopfes folgt auf einen Zeitabschnitt t_{Ref}, in welchem die Referenzprüfung an einem Ofen stattfindet, ein Zeitabschnitt

$$t_{NP\ddot{U}} = 3 \cdot t_{Ref} \tag{5.3}$$

in welchem an dem betreffenden Ofen eine nicht-pyrometrisch überwachte (NPÜ) Prüfung stattfindet.

Der Ablauf der Referenzprüfung ist in Bild 5.4 dargestellt. Das Prüfprogramm ALPH entscheidet, ob am Prüfdraht eine Betriebsspannung vom Wert u_{hoch}, u_{norm} oder u_{min} anliegt und steuert somit die Energieversorgung des Prüfdrahtes in Abhängigkeit der Prüfparameter $\vartheta_{Draht, Prüf}$, $\vartheta_{Ofen, max}$ und $\vartheta_{Ofen, min}$.

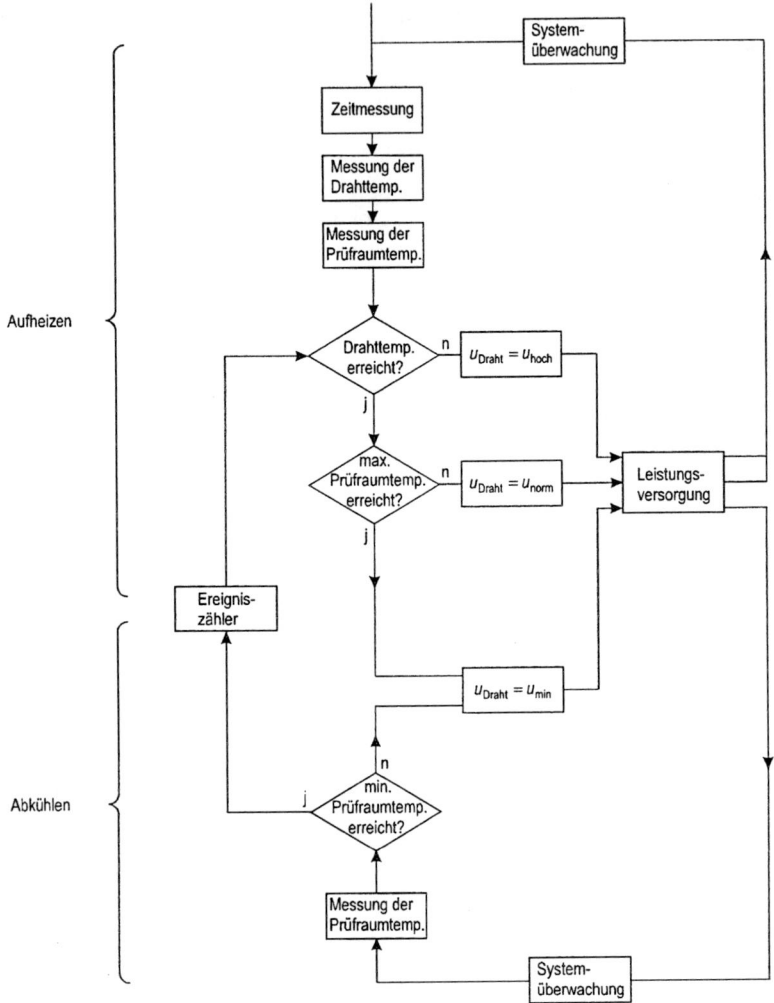

Bild 5.4: Ablaufdiagramm der Referenzprüfung (nach DIN 66001)

Während der Referenzprüfung werden die Betriebsparameter Spannung und Strom durch das Programm geregelt, so daß die Temperatur des Drahtes konstant gehalten wird. Im Verlauf der Prüfung wird die Betriebsspannung schrittweise hochgeregelt, da der spezifische Widerstand des Drahtes aufgrund der Alterung des Heizleiters ansteigt.

Die Zeit, die bis zum Erreichen der Prüftemperatur des Drahtes bei Anliegen der Betriebsspannung u_{hoch} verstreicht, wird nach Bild 3.6 mit

$$t_{SA} = t_1 - t_0 \qquad (5.4)$$

als Schnell–Aufheizzeit bezeichnet. t_{SA} wird durch ALPH bei jedem Prüfzyklus neu ermittelt und während der Dauer der Referenzprüfung einer kontinuierlichen Mittelwertbildung unterzogen. Der am Ende der Referenzprüfdauer vorliegende gemittelte Wert von t_{SA} wird gespeichert und zur Durchführung der NPÜ–Prüfung benötigt.

Die Dauer der Referenzprüfung ist in ALPH auf 60 min begrenzt. Dieser Wert hat sich als guter Kompromiß aus zwei gegenläufigen Forderungen erwiesen.

t_{Ref} darf nicht zu hoch gewählt werden, da sich aufgrund des damit verbundenen hohen Wertes für $t_{NPÜ}$ der Alterungsprozeß des Drahtes zu lange ohne pyrometrische Kontrolle vollzieht. Beim Wechsel von NPÜ–Prüfung zu Referenzprüfung können somit sprunghafte Veränderungen der Betriebsparameter auftreten, was mit dem Prinzip einer kontiniuerlichen Prüfung unvereinbar ist.

Bei zu niedriger Wahl von t_{Ref} wird die Lebensdaueruntersuchung durch häufig anfallende Meßkopfpositionierungen zu oft unterbrochen, da während des Verfahrvorganges keine intermittierende Prüfung stattfindet. Eine kontinuierliche Prüfung ist damit ebenfalls nicht gewährleistet.

Die Referenzprüfung wird abgebrochen, wenn bei der Systemüberwachung nach Bild 5.4 festgestellt wird, daß trotz anliegender Betriebsspannung kein Stromfluß durch den Prüfdraht gemessen werden kann. Die Systemüberwachung wird bei jedem Durchlauf des schleifenförmig arbeitenden Prüfprogramms durchgeführt. Am Ende der Referenzprüfung werden die gemessenen und errechneten Werte folgender Größen dokumentiert:

- benötigte elektrische Leistung
- anliegender ohmscher Widerstand
- Aufheiz- und Abkühlzeiten
- Umgebungstemperatur der Prüfanlage
- durchgeführte Anzahl der Schaltzyklen
- zeitliche Dauer der Prüfung
- Uhrzeit und Datum

5.2.4 Nicht–pyrometrisch überwachte (NPÜ) Prüfung

Während der NPÜ–Prüfung ist am betreffenden Ofen keine kontinuierliche Messung der Prüfdrahttemperatur möglich, da der Pyrometermeßkopf zur Durchführung einer Referenzmessung vor einem anderen Prüfofen positioniert ist. Damit wird klar, daß immer $n-1$ Prüföfen den Status der NPÜ–Prüfung besitzen, wobei mit n die Anzahl der aktiven Prüföfen bezeichnet wird. Die Durchführung der NPÜ–Prüfung unterscheidet sich nach Bild 5.5 nur in einem wesentlichen Punkt von der der Referenzprüfung.

Die nicht vorliegende Information über die aktuelle Temperatur des Prüfdrahtes wird durch den während der letzten Referenzprüfung gemittelten und gespeicherten Erfahrungswert t_{SA} ersetzt. Die Betriebsspannung wird durch ALPH für die Dauer von t_{SA} auf den Wert u_{hoch} eingestellt und anschließend auf u_{norm} reduziert. Dabei wird von der Annahme ausgegangen, daß ein Wert, der über einen geeigneten Zeitraum t_{Ref} ermittelt wurde, während des Zeitraumes $t_{NPÜ}$ als gültig betrachtet werden kann.

Zusätzlich verhindert die im Laufe der Prüfung fortschreitende Alterung des Heizleiterdrahtes eine Zerstörung des Heizleiters durch Schmelzvorgänge während der NPÜ–Prüfung. Eine Widerstandserhöhung bedeutet bei konstanter Betriebsspannung ein Reduzierung des Heizstromes. Aufgrund der fehlenden Information über die Drahttemperatur können die Betriebsparameter nicht auf konstante Drahttemperatur geregelt werden. Daher ist während der nichtüberwachten Schnell–Aufheizphase lediglich ein Unterschreiten der vorgegebenen Prüftemperatur möglich. Dieser Effekt wird durch ALPH minimiert, da die in den Prüfdraht eingespeiste elektrische Leistung konstant gehalten wird. Auf eine alterungsbedingte Widerstandserhöhung des Drahtes reagiert das Programm mit einer Erhöhung der Betriebsspannung um den Faktor $\sqrt{x_{Wid}}$, mit

$$x_{Wid} = \frac{R_{Draht} + \Delta R_{Draht}}{R_{Draht}} \tag{5.5}$$

Der für die Temperatur des Prüfdrahtes benötigte Heizstrom erniedrigt sich somit nur um den Faktor $1/\sqrt{x_{Wid}}$, was durch geeignete Wahl von t_{Ref} für die Dauer von $t_{NPÜ}$ zu einer tolerierbaren Stromreduzierung führt. Es kann daher ausgeschlossen werden, daß während der NPÜ–Prüfung bei konstantem t_{SA} höhere Drahttemperaturen als bei der Referenzprüfung erreicht werden.

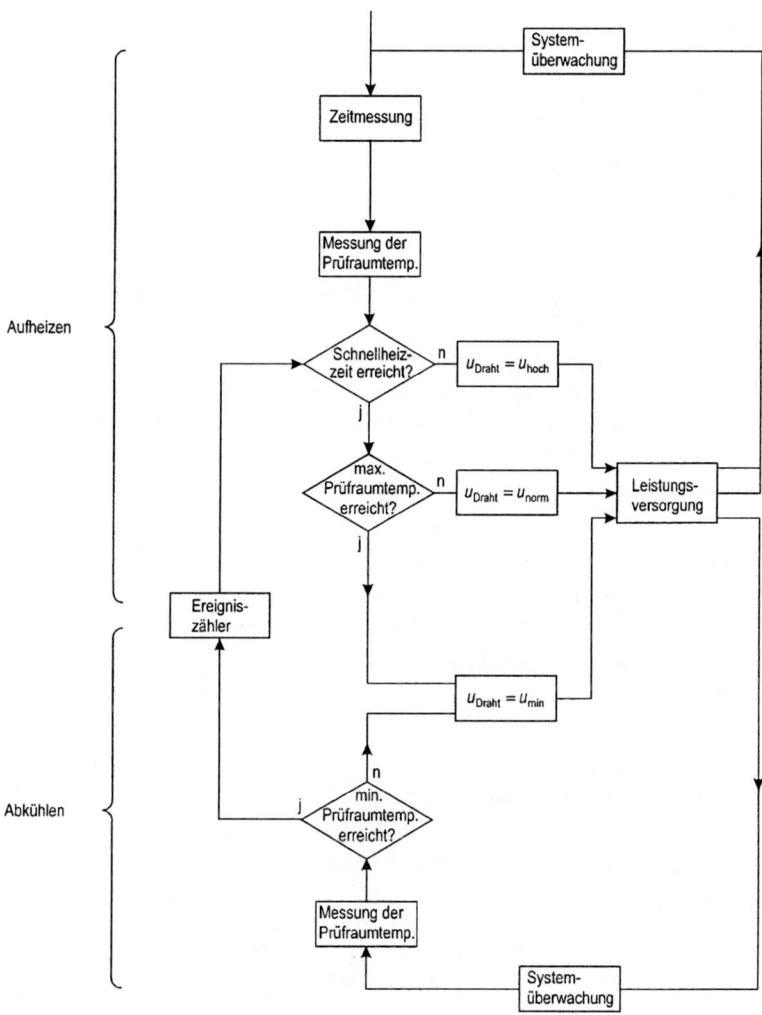

Bild 5.5: Ablaufdiagramm der NPÜ–Prüfung (nach DIN 66001)

5.2.5 Koordinierung des Prüfungsablaufes

Rechner, die mit dem Betriebssystem DOS arbeiten, sind systembedingt nicht in der Lage, mehrere Prozesse in Echtzeit parallel zu verarbeiten. Im Vergleich zu den wärmetechnischen Vorgängen in den Prüföfen benötigt der verwendete Rechner eine vernachlässigbar kurze Zeitdauer für die Verarbeitung der ein- und ausgehenden Signale. Der Parallelbetrieb kann daher durch einen schnellen sequentiellen Betrieb der Prüföfen ersetzt werden, was in Bild 5.6 durch die jeweils äußeren Schleifen der einzelnen Programmabschnitte dargestellt ist.

Die Referenzprüfung wird regelmäßig nach Ablauf der Referenzprüfdauer und spontan beim Auftreten eines Fehlers an dem referenzgeprüften Ofen beendet. Die anschließende Meßkopfpositionierung erzeugt durch die Bewegung des Pyrometermeßkopfes entlang der Doppelspurvorschubeinheit Vibrationen auf dem Prüftisch. Hierdurch eventuell entstehende in den auf Prüftemperatur erhitzten Heizleiterdrähten könnten die Ergebnisse der Lebensdauerprüfung verfälschen. Um dies zu vermeiden, werden die Drähte während des Verfahrvorgangs des Pyrometermeßkopfes nicht geprüft.

Zum automatischen Auffinden eines Prüfofens benötigt der Suchalgorithmus in ALPH ein positives Pyrometersignal, was bei dem verwendeten Pyrometertyp ab einer Drahttemperatur von 700 °C möglich ist. Die "Suchtemperatur" der Heizleiterdrähte liegt bei etwa 800 °C. Damit kann sowohl eine präzise Messung der Drahttemperatur durch das Pyrometer erfolgen als auch eine Beschädigung des Drahtes durch den Verfahrvorgang ausgeschlossen werden.

Nach Beendigung der Meßkopfpositionierung wird die NPÜ–Prüfung der Heizleiterdrähte mit den vor der Unterbrechung gespeicherten Betriebsparametern fortgesetzt, während mit der neu beginnenden Referenzprüfung die Betriebsparameter des betreffenden Ofens aktualisiert werden.

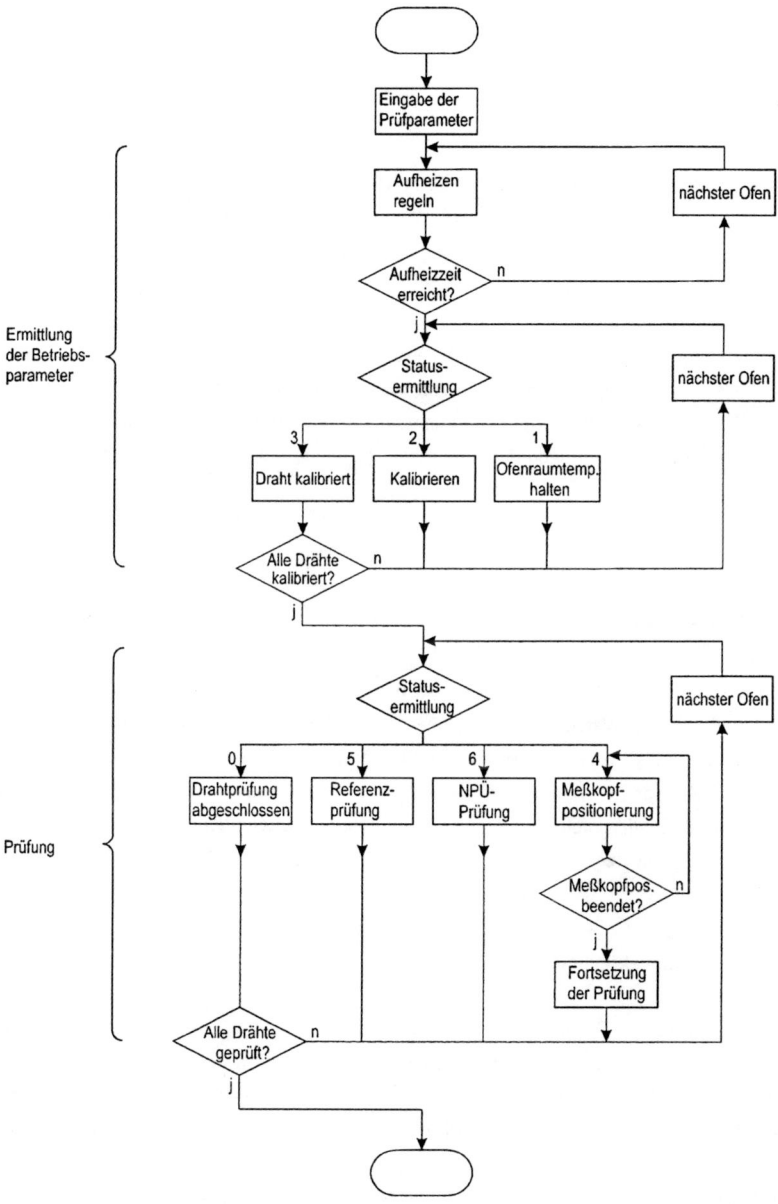

Bild 5.6: Ablaufdiagramm der Lebensdauerprüfung (nach DIN 66001)

6 Vorstellung und Interpretation der Ergebnisse

Die Ergebnisse, die über einen Versuchszeitraum von 12 Monaten gewonnen werden konnten, liegen in Form von

- statistischen Auswertungen der Prüfungsprotokolle,
- quantitativen Auswertungen von Meßschreiberausdrucken,
- elektronenmikroskopischen Untersuchungen ausgewählter Drahtproben und
- Betriebserfahrungen mit der Pilotanlage

vor.

6.1 Systemgenauigkeit

Um die Ergebnisse der Heizleiterlebensdauerprüfung korrekt interpretieren zu können, sind Angaben zur Systemgenauigkeit unerläßlich. Ein hohe Systemgenauigkeit bildet die Voraussetzung für reproduzierbare und aussagekräftige Meßergebnisse. Bei der vorgestellten Lebensdauerprüfanlage wird die Systemgenauigkeit im wesentlichen durch die Bauteilstreuung der mehrfach verwendeten Komponenten "Prüfofen" und "Leistungsversorgung" festgelegt.

6.1.1 Ofencharakteristik

Zur Ermittlung der Ofencharakteristik werden die Prüföfen auf eine Innenraumtemperatur von 450 °C aufgeheizt und über einen Zeitraum von 2 h auf konstante Temperatur geregelt. Auf diese Weise werden stationäre Verhältnisse hinsichtlich des Wärmeflusses gewährleistet. Zusätzlich befinden sich damit alle Prüföfen vor dem anschließenden Abkühlvorgang, in welchem die Zeitkonstanten der einzelnen Prüföfen bestimmt werden, in einer identischen Ausgangssituation. Zur Zeitkonstantenbestimmung wird die Abkühlkurve aufgezeichnet. Nach der Gesetzmäßigkeit für einen zeitlich exponentiell abklingenden Temperaturverlauf

$$\vartheta(t) = \vartheta_0 \cdot \exp\left(-\frac{t}{\tau}\right) \tag{6.1}$$

wird die Zeitkonstante τ bei

$$\vartheta(\tau) = 0,3678 \cdot \vartheta_0 \tag{6.2}$$

aus der Abkühlkurve graphisch ermittelt. Zur Kompensation von Genauigkeitsschwankungen des verwendeten Aufzeichnungsgerätes, einem analogen 6–Kanal–Linienschreiber, ist eine mehrfache Wiederholung der Zeitkonstantenbestimmung sinnvoll. In Tabelle 6.1 ist eine Auswertung von fünf Meßreihen dargestellt, die an verschiedenen, zufällig gewählten Tagen durchgeführt wurden.

$\vartheta_0 = 450\,°C$	Zeitkonstantenwerte (in s)				Mittelwert pro Meßreihe (in s)	Relativer Fehler pro Messreihe (in %)
Meßreihe	Ofen I	Ofen II	Ofen III	Ofen IV		
1	1170	1242	1224	1296	1233,00	2,11
2	1242	1278	1260	1278	1264,50	0,68
3	1235	1314	1260	1314	1280,75	1,55
4	1256	1289	1123	1271	1234,75	3,07
5	1289	1296	1260	1332	1294,25	1,14

Mittelwert pro Ofen (in s)	1238,4	1283,8	1225,4	1298,2
Relativer Fehler pro Ofen (in %)	1,57	0,93	1,87	0,87

Mittelwert über alle Messungen (in s)	1261,45

Tabelle 6.1: Statistische Auswertung der Zeitkonstantenmessungen

(Definition des relativen Fehlers: Standardfehler des arithmetischen Mittelwertes bezogen auf den jeweiligen Mittelwert)

Die Messungen zeigen geringe Werte für den relativen Fehler sowohl hinsichtlich der vier Prüföfen als auch hinsichtich der fünf Meßreihen. Die geringen Abweichungen bei den Zeitkonstanten der vier Prüföfen belegen eine sehr gute Übereinstimmung der Charakteristik der vier technischen Bauteile, was mit der Einheitlichkeit der verwendeten Materialien und einer hohen Fertigungspräzision begründet werden kann. Dieses positive Ergebnis wird durch den kleinen relativen Fehler, der sich bei spaltenmäßiger Auswertung der Meßwertetabelle ergibt, noch bekräftigt. Das wärmetechnische Betriebsverhalten der vier Prüföfen kann somit als identisch bezeichnet werden.

6.1.2 Leistungsversorgung

Die Betriebsspannung von 0–20 V kann bei den verwendeten Schaltnetzteilen mit einer Steuerspannung von 0–10 V eingestellt werden. Das Verhalten des Regelverstärkers ist bei jedem der vier Schaltnetzteile nicht linear, sondern zeigt den in Bild 6.1 dargestellten Verlauf.

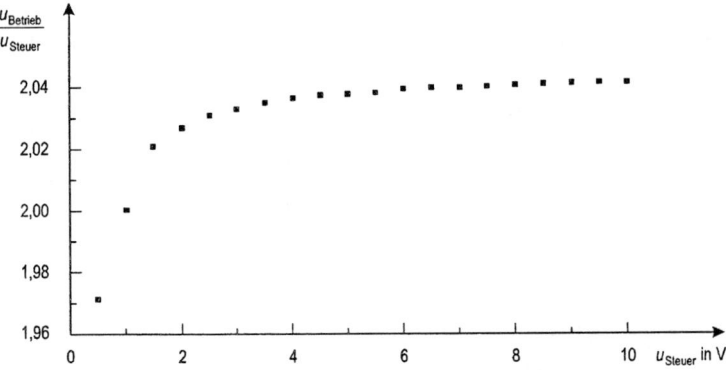

Bild 6.1: Nichtlineares Verhalten einer Leistungsversorgung

In ALPH wird daher zur Linearisierung des Signalweges innerhalb der Schaltnetzteile für jedes Gerät eine individuelle Korrekturrechnung durchgeführt und somit die Gültigkeit von Gleichung (6.3) über den gesamten Arbeitsbereich der Schaltnetzteile sichergestellt.

$$\frac{u_{Betrieb}}{u_{Steuer}} = 2 \qquad\qquad (6.3)$$

Im Gegensatz zum Steuerverhalten der Schaltnetzteile treten beim Strom–Monitorsignal keine Linearitätsprobleme auf. Über dem gesamten Arbeitsbereich gilt Gleichung (6.4):

$$\frac{i_{\text{Betrieb}}}{u_{\text{Monitor}}} = \frac{18\,\text{A}}{1\,\text{V}} \qquad (6.4)$$

Einzelheiten über die Ermittlung der Fehlerkurven für die Schaltnetzteile sind /45/ zu entnehmen.

6.2 Lebensdauerprüfung

Die Kriterien, denen das vorgestellte Prüfungskonzept genügen soll, sind

- Anwendungsadäquanz der Prüfergebnisse,
- Umgebungsunabhängigkeit des Prüfverfahrens und
- Verkürzung der Prüfdauer.

Bei der Realisierung der genannten Forderungen ist die Ausschließlichkeit der oxidationsbedingten Alterung der Drahtproben sicherzustellen. Insbesondere sind Schmelzvorgänge im Draht während der Schnell–Aufheizphase unbedingt zu vermeiden. Je höher die Prüftemperatur der Drahtprobe gewählt wird, umso schwieriger wird die Forderung einer schmelzvorgangsfreien Aufheizung zu erfüllen sein. Um den Nachweis zu erbringen, daß das neue Verfahren grundsätzlich in der Lage ist, eine schnelle Lebensdauerprüfung ohne thermische Überlastung der Drahtprobe durchzuführen, wird die Prüftemperatur des verwendeten Testmaterials 100 K niedriger als die herstellerseitig angegebene Anwendungsgrenztemperatur gewählt.

6.2.1 Exemplarische Untersuchungen am austenitischen Heizleiter NiCr8020

Bei den mit der Pilotanlage durchgeführten Lebensdaueruntersuchungen wurden ausschließlich Drahtproben des austenitischen Heizleitermaterials NiCr8020 verwendet. Die physikalischen und technologischen Werte dieser Legierung können, bezogen auf das Spektrum der gebräuchlichsten Heizleitertypen, als Durchschnittswerte bezeichnet werden. Aufgrund dieser repräsentativen Eigenschaften erscheint die Legierung NiCr8020 für die exemplarischen Untersuchungen an der Pilotanlage geeignet. Die Serienversuche wurden bei einer Prüfraumtemperatur von 450 °C durchgeführt, die Prüftemperatur des Heizleiterdrahtes wurde auf 1120 °C festgelegt.

Um Aussagen über die Schmelzsicherheit des Verfahrens treffen zu können, wurden einzelne Drahtproben nach einer ersten Oxidationsphase bewußt bei überhöhter Prüftemperatur betrieben. Die dabei auftretenden Schmelzeffekte innerhalb der Drahtprobe können als "Negativ–Referenzwerte" herangezogen werden.

Die metallurgischen Untersuchungen an den Drahtproben wurden am Gemeinschaftslabor für Elektronenmikroskopie (GfE) der RWTH Aachen durchgeführt. Allgemein läßt sich zu den Bildern (6.2) bis (6.21) anmerken, daß die Ausschnittsvergrößerungen jeweils aus dem Bildzentrum der jeweils kleinsten Vergrößerungsstufe stammen.

6.2.2 Schmelzsicherheit des Verfahrens

Mit der folgenden Serie rasterelektronenmikroskopischer (REM) Aufnahmen wird gezeigt, daß bei den vorschriftsmäßig geprüften Heizleiterdrähten keine Schmelzerscheinungen zu beobachten sind. Die Bilder 6.2 und 6.3 zeigen einen nach etwa 4000 Zyklen zerstörten Draht an der Bruchstelle. Es fällt der hohe Oxidationsgrad des Heizleitermaterials und die schwammartige Struktur der Oxidschicht auf.

Die Aufnahmen belegen weiterhin, daß die resultierende Zugbelastung der Drahtprobe unterhalb der Dehnungsstreckgrenze bei 1120 °C lag. Bei einer Zerstörung der Drahtprobe durch eine unzulässig hohe Zugspannung wäre eine signifikante Querschnittsverjüngung an der Bruchstelle eingetreten und als solche auf den REM–Aufnahmen erkennbar.

Im Gegensatz zu dem vorschriftsmäßig geprüften Heizleiterdraht nach Bild 6.2 und 6.3 sind bei der in den Bildern 6.4 und 6.5 gezeigten Drahtprobe neben ausgeprägten Korngrenzen auch deutliche Schmelzerscheinungen zu sehen. Besonders gut ist dies im unteren Teil der Probe zu erkennen. Sowohl die klaren Korngrenzen als auch die dünne Oxidschicht am Rand des Heizleiters deuten auf einen kurzen Prüfbetrieb hin, der sich aus der im vorliegenden Fall bewußt überhöhten Prüftemperatur erklärt.

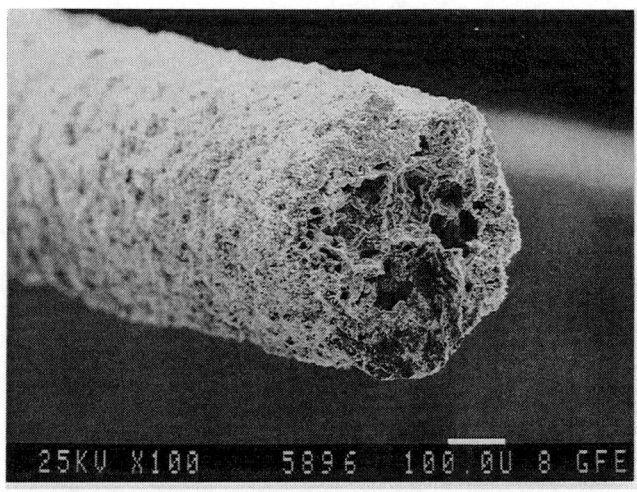

Bild 6.2: Bruchstelle nach 4000 Zyklen, Prüftemp.: 1120 °C, Vergrößerung: 100:1

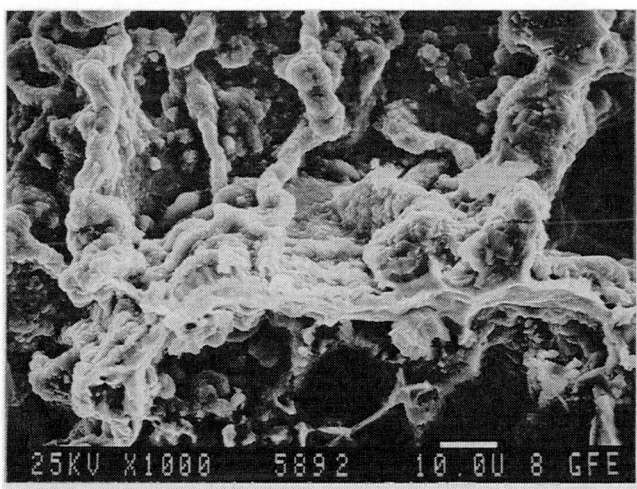

Bild 6.3: Bruchstelle nach 4000 Zyklen, Prüftemp.: 1120 °C, Vergrößerung: 1000:1

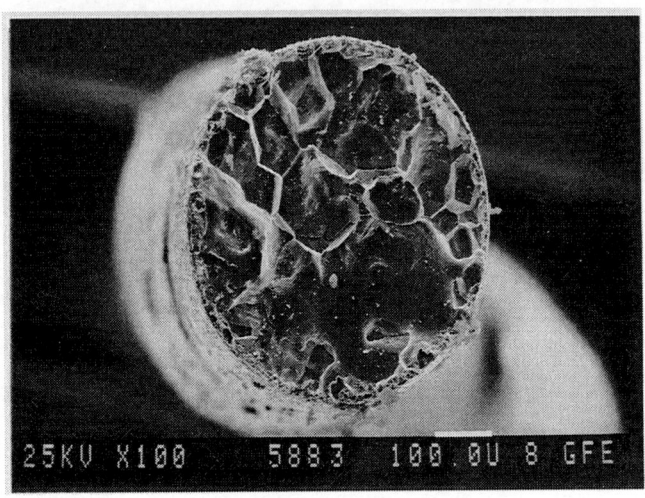

Bild 6.4: Schliffbild einer Drahtprobe, Prüftemp.: 1260 °C, Vergrößerung: 100:1

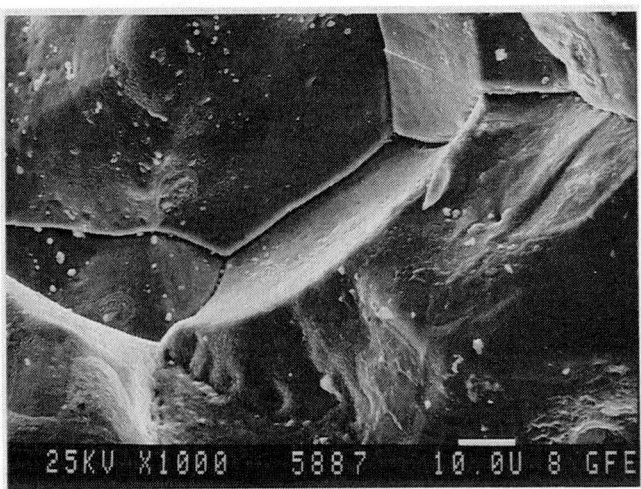

Bild 6.5: Schliffbild einer Drahtprobe, Prüftemp.: 1260°C, Vergrößerung: 1000:1

6.2.3 Oxidationsverhalten der Drahtproben in Abhängigkeit von Prüfdauer und Prüftemperatur

Eine zweite Untersuchungsreihe behandelt qualitativ das Wachsen der Oxidschicht auf der Drahtoberfläche mit steigender Anzahl durchgeführter Prüfzyklen. Bild 6.6 und Bild 6.7 zeigen als Referenzaufnahmen die Oberfläche eines unbehandelten neuen Drahtes. Die fertigungsbedingten Riefen sind in der Vergrößerungsstufe 1000:1 deutlich zu erkennen, ebenso Oberflächenfehler von 20–30 µm Länge und 10 µm Breite. Eine geschlossenen Oxidschicht ist nicht festzustellen.

Eine Drahtprobe, die nach der 60–minütigen Aufheizphase untersucht wird, zeigt nach Bild 6.8 und Bild 6.9 bereits eine geschlossene, dichte dünne Oxidschicht. Es fällt besonders die Gleichmäßigkeit der oxidierten Oberfläche auf, was einen Hinweis auf die Homogenität der Heizleiterprobe gibt. Der Heizleiter bildet in kurzer Zeit eine Schutzschicht, die das elektrisch leitende Material vor weiterer Oxidation wirkungsvoll schützt.

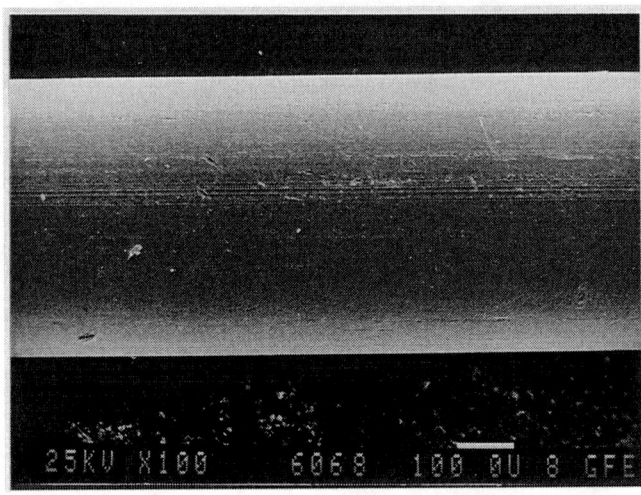

Bild 6.6: Oberfläche eines neuen Drahtes, Vergrößerung: 100:1

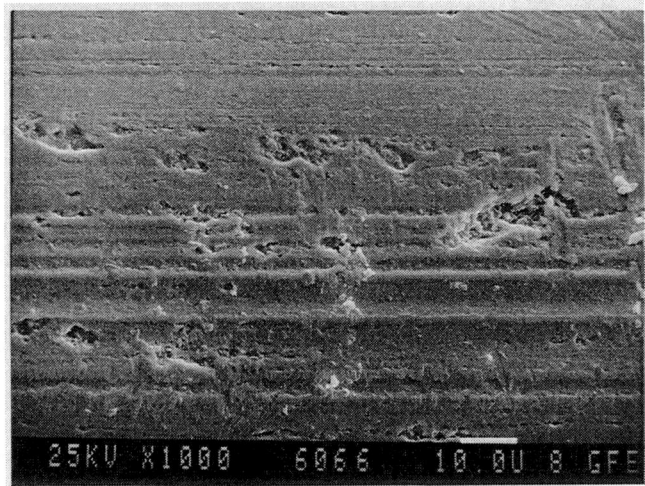

Bild 6.7: Oberfläche eines neuen Drahtes, Vergrößerung: 1000:1

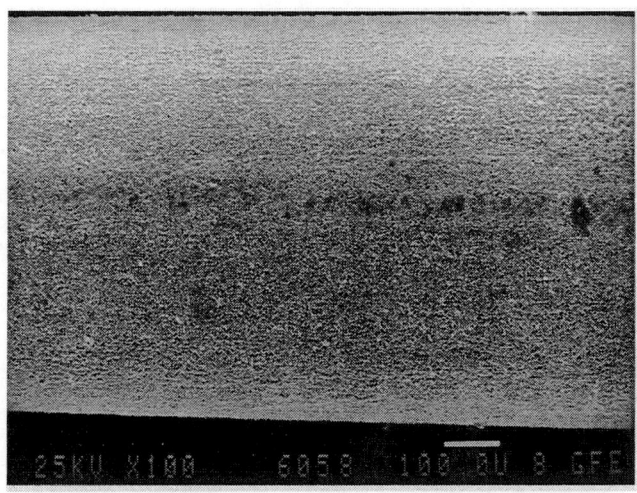

Bild 6.8: Drahtoberfläche nach 60 min Aufheizzeit, Vergrößerung: 100:1

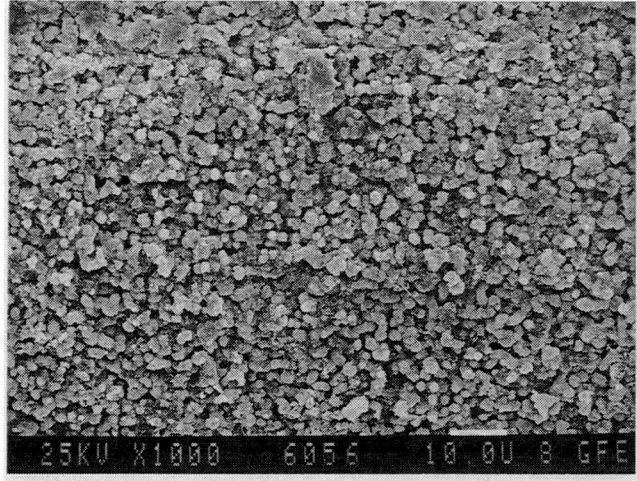

Bild 6.9: Drahtoberfläche nach 60 min Aufheizzeit, Vergrößerung: 1000:1

In den Bildern 6.10 und 6.11 ist eine Probe gezeigt, die nach etwa 6000 Prüfzyklen zerstört war. Die Struktur der Oxidschicht ist unregelmäßig, schwammartig und grob, der Oxidationsgrad des Drahtes aufgrund der Dicke der Oxidschicht wesentlich höher als bei der Probe nach Bild 6.8.

Bild 6.10: Drahtoberfläche nach 6000 Zyklen, Prüftemp.: 1120 °C, Vergrößerung: 100:1

Bild 6.11: Drahtoberfläche nach 6000 Zyklen, Prüftemp.: 1120 °C, Vergrößerung: 1000:1

Besonders deutlich ist der strukturelle Unterschied der Oxidschichten in den Bildern 6.12 und 6.13 zu sehen. Die 10.000–fache Vergrößerung der beiden Drahtproben zeigt, daß die dünne Oxidschicht nach 60 min Aufheizzeit (siehe Bilder (6.8) und (6.9)) im Gegensatz zu der dicken Oxidschicht nach 6000 Prüfzyklen (siehe Bilder (6.10) und (6.11)) eine sehr feine Struktur aufweist. Die Schutzfunktion der groben Oxidschicht ist aufgrund der geringeren Dichte für das darunter befindliche Metall unzureichend, was die Zerstörung des Drahtes zur Folge hat.

Die ungleichmäßige grobe Struktur der dickeren Oxidschicht entsteht durch das stochastische Abplatzen von Oxidschichtpartikeln bei Temperaturlastwechseln. Die beschädigten Stellen heilen durch das Nachwachsen der Oxidschicht zwar aus, führen jedoch im Verlaufe der intermittierenden Prüfung zu einer ungleichmäßig über der Drahtoberfläche verteilten Oxidschichtdicke.

Die Temperaturabhängigkeit des Oxidschichtwachstums wird durch den Vergleich der Bilder 6.14 und 6.15 mit den Bildern 6.10 und 6.11 deutlich. Die Drahtprobe in Bild 6.10 und Bild 6.11 wurde routinemäßig bei 1120 °C geprüft, die Drahtprobe in Bild 6.14 und Bild 6.15 dagegen bei 1020 °C. Der bei niedrigerer Temperatur geprüfte Draht zeigt eine regelmäßigere und dünnere Oxidschicht als die Vergleichsprobe bei 1120 °C. Da die Diffusionsgeschwindigkeit im Heizleiter direkt proportional zur Drahttemperatur ist, führt eine niedrigere Drahttemperatur zu einem langsameren und gleichmäßigerem Wachstum der Oxidschicht. Die bei 1020 °C geprüfte Drahtprobe benötigte 8000 Prüfzyklen bis zur Zerstörung, was einerseits auf eine dichtere und homogenere Oxidschicht zurückzuführen ist. Auf der anderen Seite sind auch die Temperaturlastwechsel niedriger, womit die Oxidschicht einer geringeren mechanischen Belastung ausgesetzt ist, was ebenfalls zur Erhöhung der Lebensdauer beiträgt.

Bild 6.12: Drahtoberfläche nach 60 min Aufheizzeit, Vergrößerung: 10000:1

Bild 6.13: Drahtoberfläche nach 6000 Zyklen, Prüftemp.: 1120 °C, Vergrößerung: 10000:1

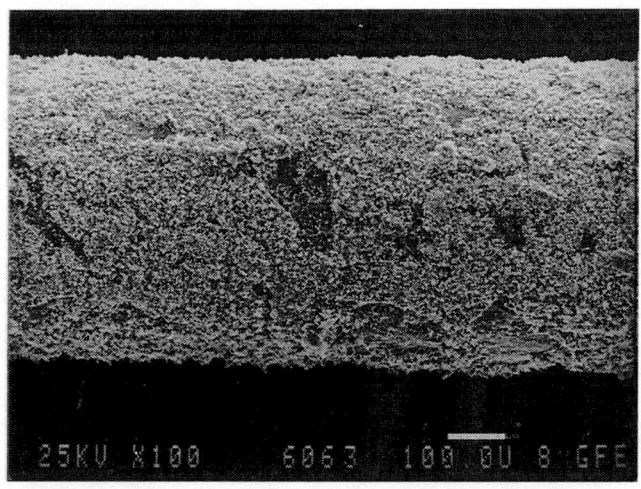

Bild 6.14: Drahtoberfläche nach 8000 Zyklen, Prüftemp.: 1020 °C, Vergrößerung: 100:1

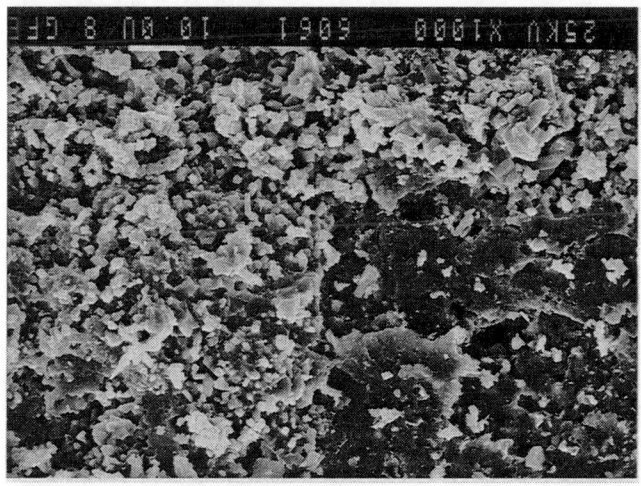

Bild 6.15: Drahtoberfläche nach 8000 Zyklen, Prüftemp.: 1020 °C, Vergrößerung: 1000:1

6.2.4 Diffusion des Oxidbildners

Mit der im Laufe der Lebensdauerprüfung anwachsenden Cr_2O_3-Schicht ist eine Verarmung des oxidbildenden Legierungsbestandteiles Chrom in der Heizleiterprobe verbunden. Die Ergebnisse der Mikrosondenuntersuchungen an Drahtproben mit 1000, 2000 und 4000 Prüfzyklen sind in den Bildern 6.16 bis 6.21 dargestellt.

Bild 6.16: Drahtquerschnitt nach 1000 Zyklen, Prüftemp.: 1120 °C, Vergrößerung: 100:1

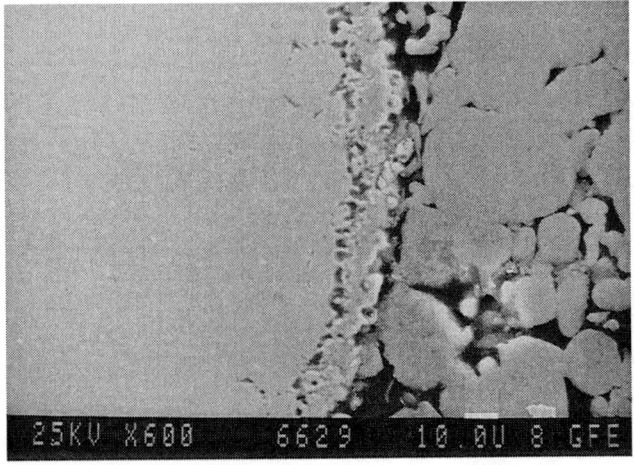

Bild 6.17: Drahtquerschnitt nach 1000 Zyklen, Prüftemp.: 1120 °C, Vergrößerung: 600:1

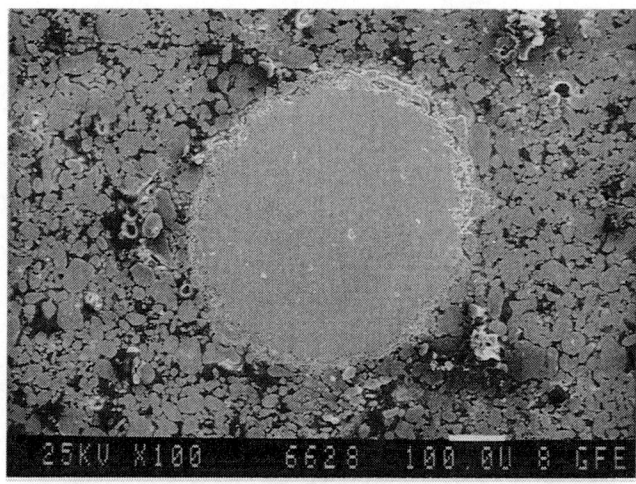

Bild 6.18: Drahtquerschnitt nach 2000 Zyklen, Prüftemp.: 1120 °C, Vergrößerung: 100:1

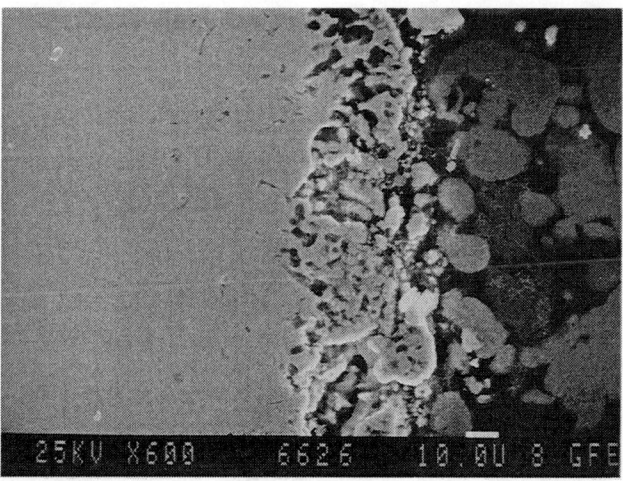

Bild 6.19: Drahtquerschnitt nach 2000 Zyklen, Prüftemp.: 1120 °C, Vergrößerung: 600:1

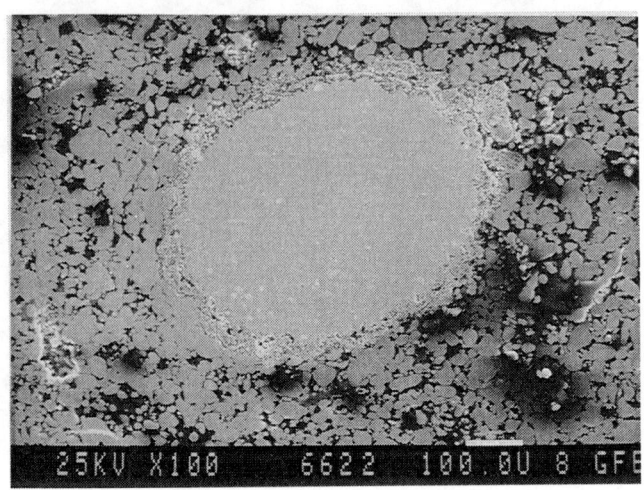

Bild 6.20: Drahtquerschnitt nach 4000 Zyklen, Prüftemp.: 1120 °C, Vergrößerung: 100:1

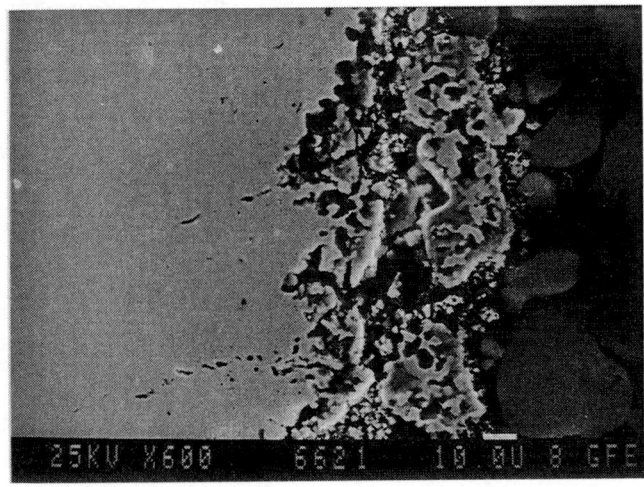

Bild 6.21: Drahtquerschnitt nach 4000 Zyklen, Prüftemp.: 1120 °C, Vergrößerung: 600:1

Der ellipsenförmige Querschnitt der untersuchten Drahtproben ist durch die Präparati-
onstechnik der vorliegenden Untersuchungsmethode bedingt. Nach dem Aushärten der
die Drahtprobe umgebenden Einbettmasse wird ein Schliff angefertigt, der nicht in jedem
Fall rechtwinklig zur Drahtachse verläuft, womit als Projektionsfläche eines schräg ge-
schnittenen Zylinders die zu beobachtende Ellipse entsteht.

Die Mikrosondenaufnahmen machen deutlich, daß die Oxidschicht mit fortlaufender
Prüfungsdauer anwächst. In Bild 6.22 ist die meßtechnische Auswertung der Bilder 6.17,
6.19 und 6.21 zusammengefaßt.

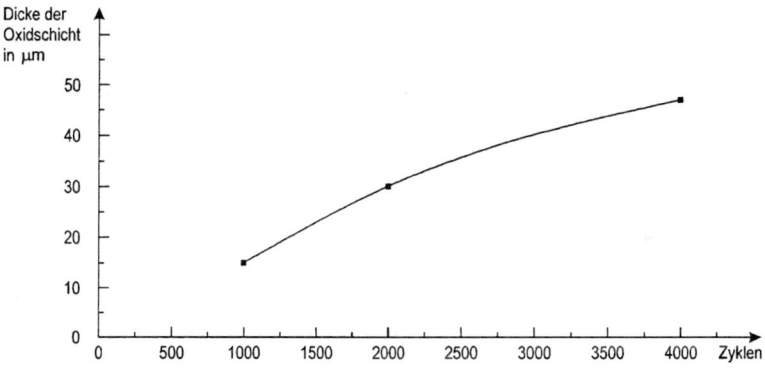

Bild 6.22: Dicke der Oxidschicht in Abhängigkeit der Prüfdauer

Nach Bild 6.22 verringert sich die Wachstumsgeschwindigkeit der Oxidschicht mit steigender Anzahl durchgeführter Prüfzyklen, was auf die Verarmung der Heizleiterlegierung an oxidbildendem Chrom insbesondere in der Randzone des Prüfdrahtes zurückzuführen ist. Bild 6.23 zeigt deutlich, daß der Gewichtsanteil von Chrom in der Legierung
mit steigender Anzahl durchgeführter Prüfzyklen sinkt. Aufgrund der Diffusionsgesetz-
mäßigkeiten ist im Zentrum des Prüfdrahtes eine geringere Chromverarmung festzustellen als im Randbereich.

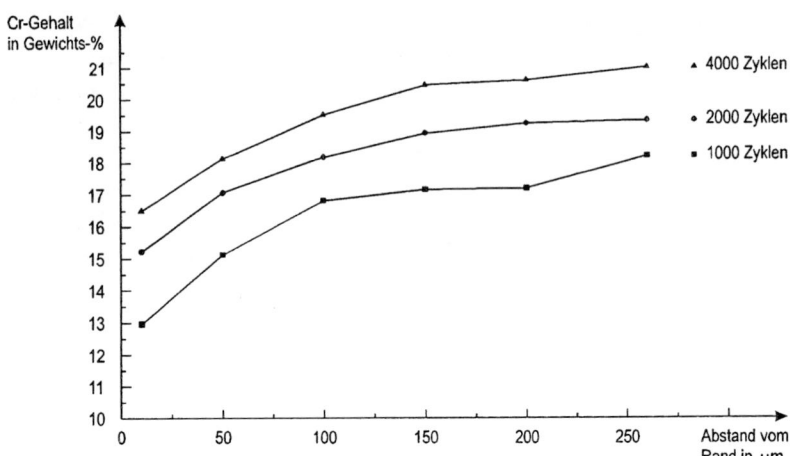

Bild 6.23: Chromgehalt über dem Drahtquerschnitt in Abhängigkeit der Prüfdauer

6.2.5 Auswertung der Lebensdauerversuche

Die statistische Auswertung beruht auf den Ergebnissen von 25 Meßreihen pro Prüfofen.

Die Mittelwerte und relativen Fehler der einzelnen Messungen sind in Tabelle 6.2 zu-sammengestellt. Der Mittelwert

$$\overline{x}_{gesamt} = 5966\,Zyklen \qquad (6.5)$$

errechnet sich auf der Basis aller 100 Versuche und ist mit einem relativen Fehler von 1,47 % behaftet.

	Ofen I	Ofen II	Ofen III	Ofen IV
Mittelwert	6049,8 Zyklen	5908,6 Zyklen	6155,36 Zyklen	5751,36 Zyklen
Standard-abweichung	84,76 Zyklen	86,97 Zyklen	65,77 Zyklen	72,70 Zyklen
Relativer Fehler	1,40 %	1,47 %	1,06 %	1,26 %

Tabelle 6.2: Statistische Werte auf der Basis von je 25 Meßreihen

Mit einer durchschnittlichen Periodendauer $\bar{t}_{\text{Periode}}$ von 40 s errechnet sich die mittlere Prüfdauer $\bar{t}_{\text{Prüf}}$ nach Gleichung (6.6) zu 2,76 Tagen.

$$\bar{t}_{\text{Prüf}} = \bar{t}_{\text{Periode}} \cdot \bar{x}_{\text{gesamt}}$$
$$\bar{t}_{\text{Prüf}} = 66,3 \text{ h}$$

(6.6)

Das neue Prüfverfahren ermöglicht gegenüber bestehenden Verfahren mit starrem 2 min–Zeittakt eine Reduzierung der Prüfdauer um 90%.

Bild 6.24 zeigt die Verteilungen der absoluten Häufigkeit aller Meßergebnisse. Die graphische Darstellung der Prüfergebnisse veranschaulicht den statistisch ermittelten Wert von $\bar{x}_{\text{gesamt}}$. Die Werte der relativen Fehler der einzelnen Meßreihen belegen die Praxistauglichkeit des neuen Prüfverfahrens im Hinblick auf die Streubreite der Meßergebnisse.

Mit dem Prinzip des gekapselten Prüfraumes soll die Unabhängigkeit der Lebensdauerprüfung von Umwelteinflüssen erreicht werden.

Die Klimaverhältnisse im Prüflabor werden als nicht–ideal bezeichnet, da Schwankungen des Raumklimas durch die im Raum befindlichen großen Fensterflächen begünstigt werden. Durch unterschiedlich häufiges Öffnen der Fenster treten ebenso wie durch die unzureichende thermische Isolierung der Fensterflächen neben Zugluft auch jahreszeitlich, tageszeitlich und wettermäßig bedingte Klimaschwankungen auf. Trotz dieser prüfraumuntypischen Verhältnisse weisen die über einen Zeitraum von 12 Monaten erfaßten Meßergebnisse nur eine geringe Streubreite auf.

Die guten Ergebnisse hinsichtlich der Streubreite der durchgeführten Prüfzyklen lassen vor dem Hintergrund, daß die Prüfanlage in einem Raum mit nicht–idealen Klimaverhältnissen installiert ist, den Schluß zu, daß mit dem Lebensdauerprüfverfahren standortunabhängige Ergebnisse gewonnen werden können.

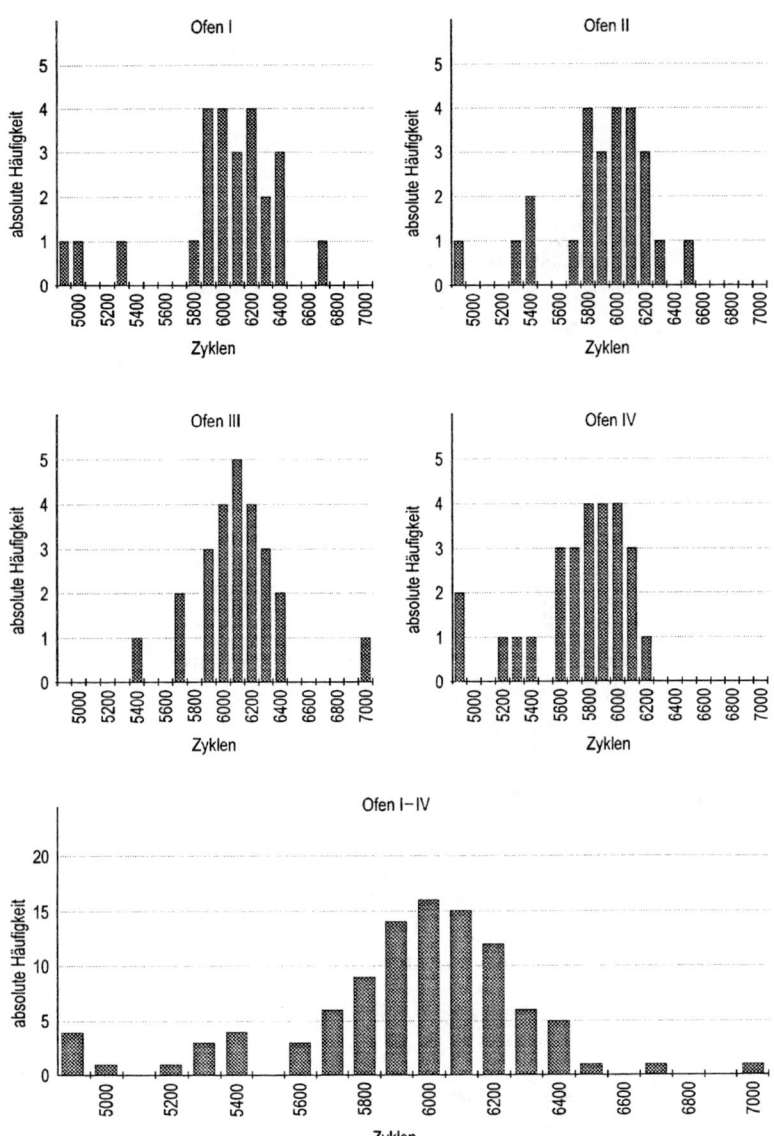

Bild 6.24: Verteilung der absoluten Häufigkeiten der Prüfergebnisse

Die Umgebungsunabhängigkeit des Prüfverfahrens wird auch durch den in Bild 6.25 dargestellten, interpolierten Verlauf der Abkühldauer verdeutlicht. Es ist innerhalb der angegebenen Grenzen keine Abhängigkeit der Abkühldauer von der Umgebungstemperatur festzustellen.

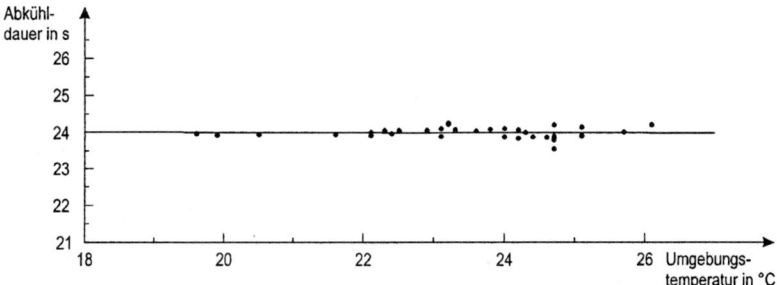

Bild 6.25: Abkühldauer im Prüfzyklus in Abhängigkeit der Umgebungstemperatur

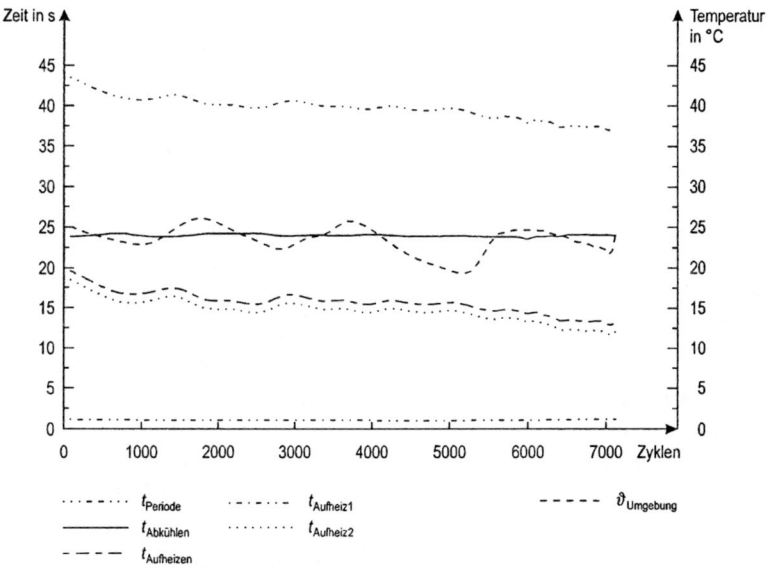

Bild 6.26: Typischer Verlauf der Aufheiz- und Abkühlzeiten sowie der Umgebungstemperatur während einer vollständigen Heizleiterprüfung

Bild 6.26 zeigt dieses Phänomen in einer anderen Darstellung. Während eines vollständigen Prüfungsablaufes schwankt die Umgebungstemperatur in Abhängigkeit der Tageszeit und der Intensität der Sonnenstrahlung. Die Abkühldauer $t_{Abkühlen}$ zeigt dagegen einen nahezu konstanten Verlauf.

Unabhängig von der Umgebungstemperatur verhalten sich auch die Schnell–Aufheizzeit $t_{Aufheiz1}$, die anschließend bis zum Erreichen der oberen Prüfraumtemperatur verstreichende Zeit $t_{Aufheiz2}$ und damit die Gesamtaufheizzeit $t_{Aufheizen}$ und die Dauer eines Prüfzyklus $t_{Periode}$.

Der Verlauf der in Bild 6.26 dargestellten Größen kann als exemplarisch für die Ergebnisse der bisher mit der Pilotanlage durchgeführten Lebensdauerprüfungen bezeichnet werden. Die über alle Messungen ermittelten Fehlerschwankungen der jeweiligen Größen sind in Tabelle 6.3 aufgeführt.

Meßgrößen	Fehlerschwankung
$t_{Aufheiz1}$	+/- 2,5%
$t_{Aufheiz2}$	+/- 2,5%
$t_{Aufheizen}$	+/- 2,5%
$t_{Abkühlen}$	+/- 2%
$t_{Periode}$	+/- 2,25%

Tabelle 6.3: Fehlerschwankungen der Meßgrößen während eines Prüfzyklus

Neben der Umgebungsunabhängigkeit der Prüfanlage ist Bild 6.26 zusätzlich zu entnehmen, daß mit dem neuen Prüfverfahren eine Verkürzung der Dauer der Schaltzyklen auf Werte kleiner als 2 min möglich ist. Die Zyklendauer ist allerdings abhängig von den gewählten Prüfparametern und vom verwendeten Heizleitermaterial.

In Bild 6.27 ist der Verlauf der Größen $t_{Aufheiz1}$ und $t_{Aufheiz2}$ dargestellt. Der mit fortschreitender Prüfungsdauer rückläufige Wert für die zum Erreichen der oberen Drahttemperatur notwendigen Zeit $t_{Aufheiz2}$ wird durch die sich im Laufe der Prüfung verändernden physikalischen Eigenschaften des Prüfdrahtes bedingt. Der spezifische Widerstand des Drahtes steigt mit der Prüfdauer an. Um den zum Erreichen der gewünschten Drahttemperatur notwendigen Heizstrom im Draht aufrecht zu erhalten, muß die Betriebsspannung erhöht werden. Damit erhöht sich die in den Prüfdraht eingespeiste elektrische Leistung, die durch Wärmeübertragung an den Prüfofen abgegeben wird, was zu einer zeitlichen Verkürzung der Aufheizphase führt.

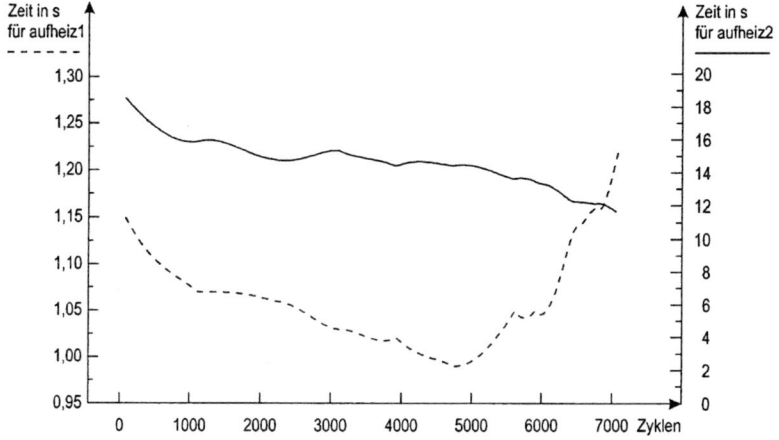

Bild 6.27: Verlauf von Aufheiz1 und Aufheiz2 in Abhängigkeit der Prüfdauer

Die gleiche Begründung gilt für den Verlauf der Schnell–Aufheizzeit $t_{Aufheiz1}$. Die Widerstandserhöhung des Drahtes führt jedoch bei dem verwendeten Heizleitermaterial und der Prüftemperatur von 1120 °C ab etwa 5000 durchgeführten Schaltzyklen zu einen Effekt, der mit der Leistungsklasse der verwendeten Schaltnetzteile zusammenhängt. Die Schaltnetzteile sind nur bis zum Erreichen des technischen Grenzwertes von 20 V in der Lage, die in ALPH errechneten Werte für die Betriebsspannung zu realisieren. Darüberhinausgehende theoretische Werte der Betriebsspannung werden durch die Schaltnetzteile auf 20 V begrenzt. Die 20–prozentige Überhöhung der Betriebsspannung während der Schnell–Aufheizzeit kann nicht mehr aufrecht erhalten werden sowie der errechnete Wert für u_{hoch} 20 V übersteigt. Die Zeit, die bis zum Erreichen der Prüftemperatur des Drahtes benötigt wird, steigt folgerichtig aufgrund der begrenzten eingespeisten elektrischen Leistung wieder an.

Dieses Grenzwertproblem kann entweder durch die Wahl leistungsstärkerer Schaltnetzteile mit höherem Betriebsspannungsgrenzwert oder durch eine niedrigere Prüftemperatur des Heizleiterdrahtes gelöst werden.

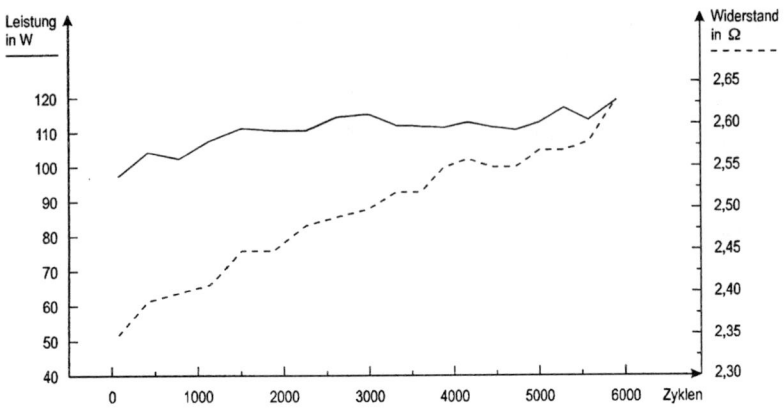

Bild 6.28: Typischer Verlauf des Widerstandes und der Leistung in Abhängigkeit der Prüfdauer

Bild 6.28 zeigt einen typischen Verlauf des elektrischen Widerstandes der Drahtprobe und der eingespeisten elektrischen Leistung. Die Anfangswerte für Widerstand und Leistung ergeben sich auf der Basis von 100 durchgeführten Lebensdauerversuchen zu:

$$\overline{R}_{\text{Anfang}} = 2,3\,\Omega \pm 2\% \qquad\qquad (6.7)$$

$$\overline{P}_{\text{Anfang}} = 88\,\text{W} \pm 2\% \qquad\qquad (6.8)$$

6.2.6 Gleichstromprüfung

Die in den vergangenen Abschnitten vorgestellten Ergebnisse basieren auf Lebensdauerprüfungen, die mit Gleichstrom durchgeführt wurden. Bei Vergleichsprüfungen mit einer alternierenden Betriebsspannung nach Bild 6.29 sind keine abweichenden Prüfergebnisse festgestellt worden.

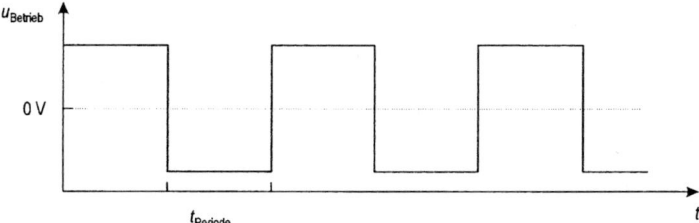

Bild 6.29: Alternierende Betriebsspannung zur Simulation einer Wechselstromprüfung

Die Vergleichsmessungen wurden durchgeführt, um ausschließen zu können, daß in einem Prüfdraht durch das Anlegen einer Gleichspannung Festkörperdiffusionserscheinungen auftreten können, die einen quantifizierbaren Einfluß auf das Prüfergebnis haben.

Diese These konnte im Rahmen der Meßgenauigkeit nicht erhärtet werden, so daß auf die zusätzlichen Betriebskomponenten "Spannungsumschalter" verzichtet werden kann.

7 Zusammenfassung

Im Rahmen der vorliegenden Arbeit wurde ein Verfahren entwickelt, mit welchem die Lebensdauerprüfung von Heizleiterdrähten entscheidend verbessert werden kann. Mit dem Prinzip des gekapselten, eigenbeheizten Prüfofens ist es möglich, umgebungsunabhängig anwendungsadäquate Prüfergebnisse zu erzielen. Die von den bestehenden Verfahren bekannte starr getaktete Prüfung wurde durch eine flexible rechnergesteuerte Mehrgrößenregelung ersetzt, wobei die Methode der intermittierenden Prüfung ebenso wie der in Deutschland gebräuchlichste Prüfdrahtdurchmesser von 0,4 mm erhalten blieben.

Eine gerade Drahtprobe wird in einem isolierten Rohrofen zentriert eingebracht und während den Glühphasen als Wärmequelle für die Prüfofenbeheizung verwendet. Die Probe ist nur einseitig ortsfest im Ofen eingebaut und kann temperaturbedingte Längenänderungen in einer vertikalen Bewegung an der Unterseite des Prüfofens ausführen.

Die Pilotanlage besteht aus vier unabhängigen Prüföfen, die über getrennte Schaltnetzteile mit elektrischer Energie versorgt werden. Die maximal in den Öfen erreichbare Prüfraumtemperatur variiert in Abhängigkeit des verwendeten Heizleitermaterials von 600 °C bis 700 °C. Im Zusammenhang mit der pyrometrischen Temperaturmessung des Prüfdrahtes hat sich als Optimum der Prüfraumtemperatur ein Wert von 450 °C erwiesen.

Mit exemplarischen Untersuchungen an einem austenitischen Heizleiter NiCr8020 konnte gezeigt werden, daß das neue Prüfverfahren neben Umgebungsunabhängigkeit und Anwendungsadäquanz der Ergebnisse auch eine deutlich kürzere Prüfdauer als bisherige Prüfverfahren benötigt. Die Lebensdaueruntersuchungen waren bei einer durchschnittlichen Prüfdauer von 5966 Schaltzyklen und einer Periodendauer von 35–40 s nach 2,7 Tagen beendet. Es ist nachgewiesen, daß die verkürzte Lebensdauerprüfung ausschließlich auf eine beschleunigte Alterung der Drahtprobe zurückzuführen ist und nicht aufgrund unzulässiger Schmelzvorgänge während der Aufheizphasen.

Die geringe Streuung der Prüfergebnisse ist eng verknüpft mit einem vergleichsweise hohen Aufwand bei der Proben- und Prüfungsvorbereitung. Die pro Charge und Prüfofen notwendige Vorbereitungszeit von etwa 30 min ist angesichts der deutlich verkürzten Gesamtprüfdauer jedoch vertretbar.

Der software–programmgesteuerte Ablauf der Lebensdauerprüfung ist Bestandteil eines vollautomatisch ablaufenden Prüfverfahrens mit zahlreichen Variationsmöglichkeiten der Prüfparameter. Die vorgestellte Anlage ist damit in der Lage, neben einer konventionellen Lebensdauerprüfung, die mit der Zerstörung der Drahtprobe beendet wird, auch zerstörungsfreie physikalische Untersuchungen durchzuführen und zu dokumentieren, wie zum Beispiel die Veränderung des Drahtwiderstandes bei intermittierender Betriebsweise.

Vor einer Markteinführung des neuen Prüfverfahrens werden zunächst Vergleichsuntersuchungen mit mehreren industriellen Lebensdauerprüfanlagen erfolgen. Dieser Schritt ist als vertrauensbildende Maßnahme in den Reihen der Heizleiterindustrie konzipiert und stellt die unverzichtbare Basis für die vorgesehene Einführung einer einheitlichen Prüfnorm dar.

8 Literatur

/1/ Jouguet, M., u.a.
Elektrowärme, Theorie und Praxis
Union Internationale d'Electrothermie, Girardet Verlag, Essen 1974

/2/ Schatt, W.
Einführung in die Werkstoffwissenschaft
VEB–Verlag für Grundstoffindustrie, Leipzig 1983

/3/ Pfeiffer, H., Thomas, H.
Zunderfeste Legierungen
Springer Verlag, Berlin 1963

/4/ Balke, H.- J., Frinken, H.
Heizleiterlegierungen
Thyssen Edelstahl, Technische Berichte, Band 9 S.3 ff, 1983

/5/ Frinken, H.
Beobachtungen zum Oxidationsverhalten von Chrom–Aluminium–Heizleitern
Thyssen Edelstahl, Technische Berichte Band 9 S. 35 ff, 1983

/6/ Rademacher, L., Stein, H.
Über die Lebensdauer von Heizleiterlegierungen
Thyssen Edelstahl, Technische Berichte Band 9 S. 52 ff, 1983

/7/ *Standard Method of Accelerated Life Test of Nickel–Chromium and Nickel–Chromium–Iron Alloys for Electrical Heating*
ASTM–Designation B76–81

/8/ *Standard Method of Accelerated Life Test of Iron–Chromium–Aluminium Alloys for Electrical Heating*
ASTM–Designation B78–81

/9/ Bash, F.E., Harsch, J.W.
Life test on metallic resistor materials for electrical heating
Proc. ASTM 1929 Vol. 29

/10/ Fischer, W.
Die Lebensdauerprüfung metallischer Heizleiter
Fachberichte 1939

/11/ Fischer, W.
Die Lebensdauerprüfung von Heizdrähten
Elektrowärme 1940

/12/ Czepek, R., Beuken, C.L.
The testing of metall at high temperatures
Comptes–rendu du 2me CIEE 1947

/13/ Czepek, R.
Schnellversuche mit Hilfe eines Versuchs- und Demonstrationswagens
Elektrotechniker 1952

/14/ Beuken, C.L.
Heizleiterprüfungen
Jahrbuch der Elektrowärme 1957

/15/ Bender, D.
Über die Lebensdauerprüfung metallischer Heizleiter
Elektrotechnik 1954

/16/ Schulze, A., Bender, D.
Über das Verhalten metallischer Heizleiter bei der Lebensdauerprüfung
Metallwissenschaft und Technik 1955

/17/ Bender, D.
Eine vollautomatische Lebensdauerprüfung für metallische Heizleiter
Deutsche Elektrotechnik 1956

/18/   Hessenbruch, W., Rohn, W.
        Hochwertige Chrom–Nickel–Legierungen und deren Lebensdauerprüfung
        Die Heraeus–Vacuumschmelze Hanau a.M. 1923–1933,
        Verlag G.M.Albertis Hofbuchhandlung

/19/   Beuken, C.L., de Boer, J., Smeets, L.
        Probleme bei der Prüfung von Heizleitermaterialien
        IV. Elektrowärmekonferenz Stresa 1959

/20/   Schoene, E.
        *Änderung des elektrischen Widerstandes bei Eisen–Chrom–Aluminium Heiz-
        leitern für Temperaturen bis 1300 °C*
        Dissertation Technische Hochschule Hannover 1937

/21/   Adelheit, R., Fischer, W.
        *Zur Frage der Temperaturmessung bei der Lebensdauerprüfung von Heiz-
        drähten*
        Elektrowärme 1940

/22/   Brasunas, A.S., Uhlig, H.H.
        Some observations on the accelerated ASTM life test for electrical heating wires
        Bulletin of the ASTM 1949

/23/   Zawadzka, I.
        *Analiza warunków umozliwiajacych scrócenie próbiy trawalosci oporowych
        przewodów grezjnych*
        Praca Doktorska, Instytut Elektrotechniki, Wrozlaw 1965

/24/   Zawadzka, I.
        *Untersuchungen über eine optimale Verkürzung der Lebensdauerprüfung von
        Heizleitern*
        Elektrowärme International 1968, Band 26

/25/   Walter, E.
        Untersuchungen von Prüfmethoden für Heizleiterlegierungen
        Elektrowärme 1959, Band 17

/26/ Nolte, H.
Prüfverfahren für Heizleiterdrähte in Luft
Dissertation Technische Hochschule Hannover 1939

/27/ Buchstegge, J., Ehrich, H.
Zur kontinuierlichen Messung des elektrischen Widerstandes von Heizleiter-
drähten als Mittel der Qualitätssicherung,
Thyssen Edelstahl, Technische Berichte, Band 9 S. 83 ff, 1983

/28/ Hessenbruch, W.
Beitrag zur Frage der Temperaturmessung bei der Heizleiterprüfung durch
Lebensdauerbestimmung
Elektrowärme 1940

/29/ Hessenbruch, W.
Metalle und Legierungen für hohe Temperaturen
Band 1 Zunderfeste Legierungen, Springer Verlag, Berlin 1940

/30/ Wedler, G.
Lehrbuch der Physikalischen Chemie
Verlag Chemie, Weinheim 1982

/31/ Böhm, H.
Einführung in die Metallkunde
B.I.Wissenschaftsverlag, Mannheim 1985

/32/ Ilschner, B.
Werkstoffwissenschaften
Springer Verlag, Berlin 1982

/33/ *Thyssen Heizleiter*
Druckschrift 1155/10, Witten 1982

/34/ *Heizleiter- und Widerstandswerkstoffe von VDM*
Druckschrift der Vereinigten Deutschen Metallwerke AG, Werdohl 1982

/35/ *Das Kanthal Heizleiterbuch*
Bulten–Kanthal AB, Hallstahammar 1981

/36/   Pokerznik, V.
       Berechnungen, Konstruktion und Bau eines Prüfofens zur Lebensdauerprüfung
       von Heizleitermaterialien einschließlich der statistischen Untersuchungen zweier
       Materialien nach der Schaltmethode (NiCr8020 und CrNi2520)
       Institut für Industrieofenbau RWTH Aachen 1980

/37/   *DIN 19226, Regelungstechnik und Steuerungstechnik, Begriffe und*
       Benennungen
       Beuth Verlag, Berlin 1968

/38/   Rake, H.
       Regelungstechnik A, Vorlesungsskriptum des Institutes für Regelungstechnik der
       RWTH Aachen
       14. Auflage 1990

/39/   Henning, F., Moser, H.
       Temperaturmessung
       Springer Verlag, Berlin 1977

/40/   Weichert, L.
       Temperaturmessung in der Technik
       Expert Verlag, Sindelfingen 1987

/41/   *Low level measurements*
       Keithley Press 1992

/42/   *VDI–Wärmeatlas*
       6. Auflage VDI-Verlag 1991

/43/   *Gossler, Feuerfeste keramische Faserprodukte, 1990*

/44/   Tietze, U., Schenk, Ch.
       Halbleiterschaltungstechnik
       7.Auflage, Springer Verlag, Berlin 1985

/45/   Seitzer, A., Zimmermann, B.
       Handbuch zur Automatischen Heizleiter–Lebensdauerprüfanlage
       Lehrgebiet für Industrieofenbau der RWTH Aachen 1994

Lebenslauf

Persönliches

Name	Andreas Seitzer
Geburtsdatum	17. Juli 1962
Geburtsort	Stuttgart
Eltern	Erwin Seitzer, Holzbildhauer
	Stephanie Seitzer, geb. Schalanda, Lehrerin
Familienstand	verheiratet mit Dipl.-Ing. Elisabeth Seitzer, geb. Woelk,
	3 Kinder
Staatsangehörigkeit	deutsch
Konfession	römisch-katholisch

Schulbildung

1968 - 1972	Grundschule Großlangheim / Unterfranken
1972 - 1981	Mathematisch-Naturwissenschaftliches und
	Neusprachliches Gymnasium
	Steigerwald-Lanschulheim Wiesentheid / Unterfranken
Mai 1981	Abitur am Steigerwald-Landschulheim Wiesentheid

Wehrdienst

Okt.1981 - Dez.1981	Panzergrenadierbataillon 352 in Mellrichstadt / Rhön
Dez.1981 - Dez.1982	Panzergrenadierbrigade 35 in Hammelburg

Studium

Nov.1982 - Jul.1983	Studium für Lehramt an Gymnasien
	in Mathematik und Theologie an der
	Bayerischen Julius-Maximilians-Universität Würzburg
Nov.1983 - Mai 1989	Studium der Elektrotechnik an der
	Friedrich-Alexander-Universität Erlangen-Nürnberg
Mai 1989	Diplom im Studiengang Elektrotechnik

Berufliche Tätigkeit

Feb.1984 - Apr.1984	Praktikum bei Koenig & Bauer AG, Würzburg
Mrz.1985	Praktikum bei Koenig & Bauer AG, Würzburg
Mai 1986 - Jul. 1986	Stud. Hilfskraft am Lehrstuhl für Regelungstechnik der Universität Erlangen-Nürnberg
Mai 1987 - Jul. 1987	Stud. Hilfskraft am Institut für Mathematische Maschinen und Datenverarbeitung der Universität Erlangen-Nürnberg
Nov.1987 - Feb.1988	Stud. Hilfskraft am Lehrstuhl für Technische Chemie der Universität Erlangen-Nürnberg
Mai 1988 - Jul.1988	Werkstudent bei Siemens AG, Erlangen Zentralbereich Forschung und Entwicklung, Abteilung für Angewandte Materialforschung
Aug.1989 - Aug.1992	Doktorand und Wissenschaftlicher Mitarbeiter am Lehrgebiet für Industrieofenbau der Rheinisch-Westfälischen Technischen Hochschule Aachen
Okt.1990 - Sep.1992	Fachabteilungsassistent der Fachgruppe für Metallurgie und Werkstofftechnik der RWTH Aachen
seit Sep.1992	Persönlicher Referent des Rektors der RWTH Aachen